平法识图与钢筋算量

高忠民　主编

U0296080

金盾出版社

内 容 提 要

本书通过对平法制图标注的系统解读,结合典型建筑构件的钢筋算量,使读者较快地掌握钢筋的规范表达和实际算量的方法,内容包括:钢筋基本知识、平法识图基本知识、梁钢筋的算量、柱钢筋的算量、剪力墙钢筋的算量、板钢筋的算量、筏形基础钢筋的算量。本书理论联系实际,针对典型构件列举了钢筋算量的实例。

本书用较多的图样表达了钢筋的布置位置,直观易懂,特别适合钢筋翻样和工程预算的从业人员使用,也可作为职业院校、职业培训机构教学用书和钢筋工程现场施工技术指导用书。

图书在版编目(CIP)数据

平法识图与钢筋算量/高忠民主编.—北京 :金盾出版社,2016.1(2017.4 重印)

ISBN 978-7-5186-0576-7

Ⅰ.①平… Ⅱ.①高… Ⅲ.①钢筋混凝土结构—建筑构图—识别②钢筋混凝土结构—结构计算 Ⅳ.①TU375

中国版本图书馆 CIP 数据核字(2015)第 247435 号

金盾出版社出版、总发行

北京太平路 5 号(地铁万寿路站往南)

邮政编码:100036 电话:68214039 83219215

传真:68276683 网址:www.jdcbs.cn

北京军迪印刷有限责任公司印刷、装订

各地新华书店经销

开本:705×1000 1/16 印张:16 字数:309 千字

2017 年 4 月第 1 版第 2 次印刷

印数:3 001~6 000 册 定价:51.00 元

(凡购买金盾出版社的图书,如有缺页、倒页、脱页者,本社发行部负责调换)

前　　言

平法是"混凝土结构施工图平面整体表示方法制图规则和构造详图"的简称,包括制图规则和构造详图。概括来讲,就是把结构构件的尺寸和配筋等,按照平面整体表示方法制图规则,整体直接表达在各类构件的结构平面施工图上,再与标准构件详图相配合,构成一套完整的结构设计。

平法是山东大学陈青来教授发明,2000 年 7 月 17 日,中华人民共和国建设部批准实施,经试行、修正,2003 年正式全面实施,在不断地完善和改进中,现已更新至 2011 版。平法具有很强的适用性,目前被广泛应用于混凝土结构的设计、监理、施工、钢筋的翻样和算量。

《平法识图与钢筋算量》主要是为准备和正在建筑施工中从事钢筋翻样和工程预算的人员编写,通过对平法制图标注的系统解读并结合典型建筑构件钢筋的算量实例,使读者尽快地掌握平法的知识。由于混凝土结构所具有的系统性、复杂性、实践性和创新性,读者只有在工程实际中反复实践,才能在实践中不断总结和提高。

目前,钢筋施工翻样人才紧缺,究其原因是没有真正的理解混凝土结构施工图的整体表达制图规则和构造详图,以及钢筋规范表达的含义,因此,本书在阐述构件的钢筋布置时,均标注其图集出处,并详细解读图示信息。

　　本书由高忠民主编,参加编写的人员还有俞启灏、高文君、吴玲、张志鹏、孙建国、田沪。限于编者水平有限,书中疏漏和不当之处在所难免,敬请读者批评指正。

编　者

目　　录

第一章　钢筋基本知识

第一节　钢筋的品种和力学性能

一、钢筋的品种

钢筋指钢筋混凝土和预应力混凝土用钢材。

钢筋按化学成分分为碳素钢钢筋（如 HPB300）和普通低合金钢钢筋（如 HRB335、HRB400、RRB400 等）。

钢筋按外形分为光面圆钢筋、变形钢筋、竹节钢筋、刻痕钢丝和钢绞线。变形钢筋表面轧制成螺旋形、人字形和月牙形三种纹，一般 HRB335 级和 HRB400 级钢筋为螺纹钢筋。

钢筋按生产工艺分为热轧钢筋、冷加工钢筋、热处理钢筋、冷轧带肋钢筋、碳素钢丝等。热轧钢筋是由轧钢厂经过热轧制成，直接供施工生产使用的钢筋。热轧光圆钢筋直径在 12mm 以下的为盘圆（盘条）形式，直径在 12mm 以上及变形钢筋的为直条形式。冷加工钢筋包括冷拉钢筋和冷拔低碳钢丝；冷拉钢筋是将热轧钢筋在常温下进行强力拉伸使其强度提高的钢筋。冷拔低碳钢丝是将直径为 6～10mm 的低碳钢钢筋在常温下通过拔丝模多次强力拉拔而制成的钢丝。热处理钢筋又称调质钢筋，是热轧螺纹钢筋经淬火及回火的调质热处理而成的钢筋。冷轧带肋钢筋是热轧盘圆钢筋经冷轧在其表面形成三面和两面有肋的钢筋。碳素钢丝是由优质高碳钢盘条经淬火、酸洗、拔制、回火等工艺而制成的钢丝，按生产工艺又可分为冷拉和矫直回火两个品种。

1. 热轧钢筋

热轧钢筋按强度等级分为四级。热轧直条钢筋为Ⅰ级，其强度等级代号为 HPB300；热轧带肋钢筋为Ⅱ、Ⅲ、Ⅳ级，其强度等级代号分别为 HRB335、HRB400、HRB500。热轧钢筋分类及符号见表 1-1。热轧钢筋的直径、横截面积和质量见表 1-2。

表 1-1　热轧钢筋分类及符号

牌号	符号	公称直径 d(mm)	抗拉强度设计值 f_y(N/mm²)	抗压强度设计值 f_y'(N/mm²)
HPB 300	Φ	6～22	270	270
HRB 335	Φ	6～50	300	300
HRBF 335	Φ^F			

续表 1-1

牌号	符号	公称直径 d(mm)	抗拉强度设计值 f_y(N/mm²)	抗压强度设计值 f_y'(N/mm²)
HRB 400	⏀			
HRBF 400	⏀F	6～50	360	360
RRB 400	⏀R			
HRB 500	⏀	6～50	435	435
HRBF 500	⏀F			

注:① 在钢筋混凝土结构中,轴心受拉和小偏心受拉构件的钢筋抗拉强度设计值大于 300N/mm² 时,仍应按 300N/mm² 选用。

② 国标《混凝土结构设计规范》(GB 50010—2010)中淘汰低强 235MPa 钢筋,以 300MPa 光圆钢筋替代;增加高强 500MPa 钢筋;限制并准备淘汰 335MPa 钢筋。

表 1-2 热轧钢筋的直径、横截面积和质量

公称直径 (mm)	内 径 (mm)	纵、横肋高 h_1、h_2 (mm)	公称横截面面积 (mm²)	理论质量 (kg/m)
6	5.8	0.6	28.27	0.222
8	7.7	0.8	50.27	0.395
10	9.6	1.0	78.54	0.617
12	11.5	1.2	113.1	0.888
14	13.4	1.4	153.9	1.21
16	15.4	1.5	201.1	1.58
18	17.3	1.6	254.5	2.00
20	19.3	1.7	314.2	2.47
22	21.3	1.9	380.1	2.98
25	24.2	2.1	490.9	3.85
28	27.2	2.2	615.8	4.83
32	31.0	2.4	804.2	6.31
36	35.0	2.6	1018	7.99
40	38.7	2.9	1257	9.87
50	48.5	3.2	1964	15.42

2. 冷轧带肋钢筋

冷轧带肋钢筋分为 CRB550、CRB650、CRB800、CRB970、CRB1170 五个牌号。

CRB550 为普通钢筋混凝土用钢筋,其他牌号为预应力混凝土用钢筋。CRB550 钢筋的公称直径范围为 4~12mm。冷轧带肋钢筋的直径、横截面积和质量见表 1-3。

表 1-3 冷轧带肋钢筋的直径、横截面积和质量

公称直径 d(mm)	公称横截面积(mm²)	理论重量(kg/m)
(4)	12.6	0.099
5	19.6	0.154
6	28.3	0.222
7	38.5	0.302
8	50.0	0.395
9	63.6	0.499
10	78.5	0.617
12	113.1	0.888

二、钢筋的力学性能

钢筋的力学性能包括抗拉性能、疲劳强度和硬度,其中抗拉性能是钢筋最重要和最常用的性能。抗拉性能指标包括弹性极限、屈服强度、抗拉强度和断后伸长率等,这些性能指标可以通过钢筋的拉伸试验来获得。

钢筋拉伸的实际应力值小于弹性极限时,应力与应变的比值为一常数,此常数即弹性模量,用 E 表示。弹性模量反映材料抵抗弹性变形的能力。工程上常用的 HRB 335 级钢筋,其弹性模量 $E=2.0×10^5\,\text{N/mm}^2$。

应力超过弹性极限后,应力与应变不再成正比关系,产生了明显的塑性变形,此时,钢筋已不能承受外力而屈服,故此阶段称为屈服阶段。屈服阶段中最低点的应力值称为屈服强度(也称屈服点),用 σ_s 表示。当应力超过屈服强度后,钢筋得到强化,使抵抗外力的能力又重新提高,此阶段称为强化阶段。对应强化阶段最高点的应力称为抗拉强度,一般用 σ_b 表示。

抗拉强度在设计上不能应用,而屈服强度是确定钢筋容许应力的主要依据。对于冷拔钢丝和热处理钢筋等含碳量高的钢筋,它们的屈服现象不明显,无法测定其屈服点,一般规定以产生 0.2% 残余变形时的应力作为屈服强度,用 $\sigma_{0.2}$ 表示。屈服强度与抗拉强度的比值称为屈强比。屈强比小时,表示结构的安全度大,但过小会浪费钢筋,不经济,一般在 0.6~0.75 范围内较合理。

当应力达到抗拉强度后,钢筋抵抗变形的能力明显降低,试件薄弱处的截面明显缩小,塑性变形剧增,直至试件发生断裂。试件拉断后,将其断裂部分在断裂处紧密对接在一起,测出标距两端点的距离,即可按下式计算出断后伸长率:

$$\delta=\frac{l_1-l}{l}×100\%$$

式中　l——试件原始标距长度；

　　　　l_1——试件拉断后标距间的长度。

　　断后伸长率 δ 是衡量钢材塑性的一个重要指标，δ 越大说明钢筋的塑性越好。断后伸长率的大小还与标距长度有关，通常以 δ_5 和 δ_{10} 分别表示 $l=5d$ 和 $l=10d$ 的断后伸长率（d 为试件的原始直径）。对于同一材质，δ_5 大于 δ_{10}。

　　在承受交变荷载作用下，钢材可以在远低于屈服强度时突然发生破坏，这种破坏称为疲劳破坏。根据国内外疲劳试验的资料表明：影响钢筋疲劳强度的主要因素为钢筋疲劳应力幅，即同一层钢筋的最小应力与最大应力之差。《混凝土结构设计规范》(GB 50010—2010) 给出了考虑应力比的疲劳应力幅限值。

　　硬度是指材料抵抗其他较硬物体压入的能力，也可以说是材料表面抵抗变形的能力。测定钢的硬度方法很多，但最常用的是布氏法。布氏法是用一定直径 D 的硬质钢球，在布氏硬度计上以一定的荷载 P 压在试件表面上，并保持一定的时间。卸载后，用读数放大镜测出压痕的直径 d，可算出布氏硬度值 HB。布氏硬度 HB 表示钢材单位面积所能承受荷载的大小，硬度值越大，表示钢材越硬。

三、钢筋的工艺性能

　　钢筋在使用前，大多需要进行一定形式的加工。良好的工艺性能，可以保证钢筋顺利通过各种加工，保证制成品的质量。下面主要介绍钢筋的冷弯、冷拉、冷拔及焊接性能。

　　冷弯性能是指钢材在常温下承受弯曲变形的能力。承受弯曲程度越大，说明冷弯性能越好。冷弯性能指标是用试件弯曲的角度 α、弯心直径 D 与钢材直径 d 的比值 D/d 来表示，如图 1-1 所示。

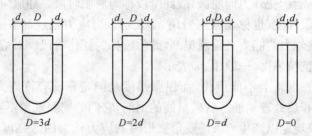

图 1-1　钢筋的冷弯图

　　不同直径的钢筋试件，按规定的弯心直径，将试件弯曲到要求的角度后，若弯曲处的外表面无裂纹、裂缝或裂断现象，则认为冷弯试验合格，否则，为不合格。冷弯试验常能反映钢材内部组织的均匀程度、是否存在内应力和夹杂物等缺陷。

　　钢筋的冷加工是建筑上常采用冷拉及冷拔来提高钢筋的强度和硬度的工艺，这种处理方法称为冷作强化。冷作强化只有在超过钢筋的弹性极限后、产生冷塑性变形时才会发生。

时效处理是钢筋经冷加工后,在常温下搁置 15～20 天或加热至 100℃～200℃,保持 2 小时左右,钢筋的屈服强度、抗拉强度及硬度都进一步提高,而塑性及韧性继续降低,这种现象称为时效。前者称为自然时效,后者称为人工时效。

焊接是钢筋连接的主要形式之一,焊接的质量取决于焊接工艺、焊接材料及钢筋材质的焊接性能。钢筋的化学成分对焊接性能影响很大。对于含碳量高的钢筋和合金钢钢筋,为了改善焊接后的硬脆性,焊接时,一般需要采用焊前预热及焊后热处理的措施。

四、混凝土结构的钢筋选用

在《混凝土结构设计规范》(GB 50010—2010)中,混凝土结构钢筋的选用有如下原则。

① 纵向受力普通钢筋宜采用 HRB400、HRB500、HRBF400、HRBF500 钢筋,也可采用 HPB300、HRB335、HRBF335、RRB400 钢筋。

② 梁、柱纵向受力普通钢筋应采用 HRB400、HRB500、HRBF400、HRBF500 钢筋。

③ 箍筋宜采用 HRB400、HRBF400、HPB300、HRB500、HRBF500 钢筋,也可采用 HRB335、HRBF335 钢筋。

④ 预应力筋宜采用预应力钢丝、钢绞线和预应力螺纹钢筋。

第二节　钢筋的锚固

一、锚固的作用

混凝土结构中,钢筋受力是由于钢筋与混凝土之间的粘结锚固作用,如果钢筋锚固失效,则结构可能丧失承载能力,并由此引发垮塌等灾难性事故。

钢筋锚固一是钢筋与混凝土之间由胶结力、摩擦力、咬合力形成的锚固强度,使在同一构件中钢筋与混凝土两种性能不同的材料,在荷载、温度、收缩等外界因素作用下,能够协同工作共同受力;二是相邻构件之间的钢筋相互锚固,使接触界面两边的钢筋与混凝土之间能够实现应力传递。钢筋锚固作用是确保混凝土与钢筋之间有足够的粘结强度,不因外力而使钢筋拔出混凝土。

二、锚固长度

钢筋在混凝土中的锚固是粘结力、摩擦力、咬合力和机械锚固力的共同作用,其中钢筋与混凝土之间的粘结力是两者能共同作用的主要条件。如图 1-2 所示,钢筋埋入混凝土的锚固长度 l_a 越长,抵抗拔出的力 N 就越大。为充分利用钢筋的抗拉强度,受拉钢筋的锚固长度应严格计算。

1. 钢筋基本锚固长度计算

钢筋锚固长度计算公式:

普通钢筋 $l_{ab} = \alpha \dfrac{f_y}{f_t} d$

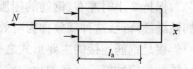

图 1-2 钢筋埋入混凝土的锚固长度

预应力钢筋 $l_{ab} = \alpha \dfrac{f_{py}}{f_t} d$

式中 l_{ab}——钢筋基本锚固长度,mm;

f_y、f_{py}——普通钢筋、预应力钢筋的抗拉强度设计值,见表 1-1、表 1-4;

f_t——混凝土轴心抗拉强度设计值,见表 1-5,当混凝土强度等级高于 C60 时,按 C60 取值;

d——钢筋的公称直径,mm;

α——钢筋的外形系数,见表 1-6。

表 1-4 预应力钢筋的抗拉强度设计值 (MPa)

种 类		符 号	预应力钢筋强度标准值 f_{ptk}	预应力钢筋抗拉强度设计值 f_{py}	预应力钢筋抗压强度设计值 f'_{py}
钢绞线	1×3	ϕ^S	1860	1320	390
			1720	1220	
			1570	1110	
	1×7		1860	1320	390
			1720	1220	
消除应力钢丝	光面螺旋肋	ϕ^P	1770	1250	410
			1670	1180	
		ϕ^H	1570	1110	
	刻痕	ϕ^I	1570	1110	410
热处理钢筋	40Si2Mn	ϕ^{HT}	1470	1040	400
	48Si2Mn				
	45Si2Cr				

注:当预应力钢绞线、钢丝的强度标准值不符合表 1-4 的规定时,其强度设计值应进行换算。

表 1-5 混凝土轴心抗拉强度设计值 (N/mm²)

强度种类	混凝土强度等级													
	C15	C20	C25	C30	C35	C40	C45	C50	C55	C60	C65	C70	C75	C80
f_c	7.2	9.6	11.9	14.3	16.7	19.1	21.1	23.1	25.3	27.5	29.7	31.8	33.8	35.9

续表 1-5

强度	混凝土强度等级													
种类	C15	C20	C25	C30	C35	C40	C45	C50	C55	C60	C65	C70	C75	C80
f_t	0.91	1.10	1.27	1.43	1.57	1.71	1.80	1.89	1.96	2.04	2.09	2.14	2.18	2.22

注：①计算现浇钢筋混凝土轴心受压及偏心受压构件时，如截面的长边或直径小于 300mm，则表中混凝土的
　　强度设计值应乘以系数 0.8；当构件质量（如混凝土成型、截面和轴线尺寸等）确有保证时，可不受限制。
　　②离心混凝土的强度设计值应按专门标准取用。

表 1-6　钢筋的外形系数

钢筋类型	光面钢筋	带肋钢筋	刻痕钢丝	螺旋肋钢丝	三股钢绞线	七股钢绞线
α	0.16	0.14	0.19	0.13	0.16	0.17

注：光面钢筋是指 HPB300 级钢筋，其末端应做 180°弯钩，弯后平直段长度不应小于 3d，但作受压钢筋时可
　　不做弯钩；带肋钢筋是指 HRB335 级、HRB400 级钢筋及 RRB400 级余热处理钢筋。

2. 锚固长度修正系数

（1）非抗震受拉钢筋　非抗震受拉钢筋锚固长度 $l_a = l_{ab}$，当符合下列条件时，计算的锚固长度应进行修正。

① 当 HRB335、HRB400 和 RRB400 级钢筋的直径大于 25mm 时，其锚固长度应乘以修正系数 1.1。

② 当 HRB335、HRB400 和 RRB400 级的钢筋有环氧树脂涂层时，其锚固长度应乘以修正系数 1.25。

③ 当钢筋在混凝土施工过程中易受扰动（如滑模施工）时，其锚固长度应乘以修正系数 1.1。

④ 当 HRB335、HRB400 和 RRB400 级钢筋在锚固区的混凝土保护层厚度大于钢筋直径的 3 倍，且配有箍筋时，其锚固长度可乘以修正系数 0.8。

⑤ 当 HRB335、HRB400 和 RRB400 级钢筋在锚固区的混凝土保护层厚度大于钢筋直径的 5 倍，且配有箍筋时，其锚固长度可乘以修正系数 0.7。

⑥ 受拉钢筋锚固长度修正系数值 ζ_a，见表 1-7。

表 1-7　受拉钢筋锚固长度修正系数值 ζ_a

锚固条件		ζ_a	备　注
带肋钢筋的公称直径大于 25mm		1.10	
环氧树脂涂层带肋钢筋		1.25	—
施工过程中易受扰动的钢筋		1.10	
锚固区保护层厚度	3d	0.80	注：中间时按内插值，d 为锚固钢筋直径。
	5d	0.70	

（2）实际配筋面积大于设计计算面积　除构造需要的锚固长度外，当纵向受

力钢筋的实际配筋面积大于其设计计算面积时,如有充分依据和可靠措施,其锚固长度可乘以设计计算面积与实际配筋面积的比值。但对有抗震设防要求及直接承受动力荷载的结构构件,不得采用此项修正。经上述修正后的锚固长度应不小于按上述公式计算锚固长度的 0.6 倍,且应不小于 200mm。

(3)机械锚固 当钢筋的锚固长度有限,靠自身的锚固性能无法满足受力钢筋承载力的要求时,可以采用机械锚固措施。机械锚固的形式及构造要求如图 1-3 所示。

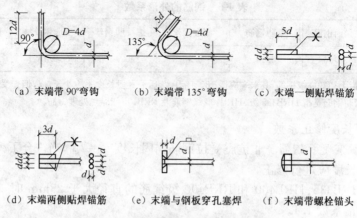

(a)末端带 90°弯钩　　(b)末端带 135°弯钩　　(c)末端一侧贴焊锚筋

(d)末端两侧贴焊锚筋　(e)末端与钢板穿孔塞焊　(f)末端带螺栓锚头

图 1-3 钢筋机械锚固的形式及构造要求

当采用机械锚固措施时,计算的锚固长度应进行修正。

① 当 HRB335 级、HRB400 级和 RRB400 级纵向受拉钢筋末端采用机械锚固措施时,包括附加锚固端头在内的锚固长度,可取上述普通钢筋计算锚固长度的 0.6 倍。

② 当锚固钢筋的混凝土保护层厚度小于钢筋公称直径的 5 倍时,锚固钢筋长度范围内应设置横向构造钢筋,其直径不小于 $d/4$(d 为锚固钢筋的最大直径),构造钢筋的间距对梁、柱等构件不大于 $5d$(d 为锚固钢筋的最小直径),对板、墙等构件应不大于 $10d$(d 为锚固钢筋的最小直径),且均不大于 100mm。

③ 当计算中充分利用纵向钢筋的抗压强度时,抗压钢筋的锚固长度不小于上述普通钢筋计算锚固长度的 0.6 倍。机械锚固措施不得用于受压钢筋的锚固。

④ HPB300 级光面钢筋末端应做 180°标准弯钩,弯后平直段长度不小于 $3d$,但作受压钢筋及焊接骨架、焊接网中的光面钢筋时可不做弯钩。

⑤ 对承受重复荷载的预制构件,应将纵向非预应力受拉钢筋末端焊接在钢板或角钢上,钢板或角钢要可靠地锚固在混凝土中。钢板或角钢的尺寸应按计算确定,其厚度应不小于 10mm。

三、受拉钢筋的基本锚固长度

国家建筑标准设计图集 11G101-1 中,规定受拉钢筋的基本锚固长度 l_{abE}、l_{ab} 见表 1-8。

表 1-8 受拉钢筋的基本锚固长度 l_{abE}、l_{ab}

钢筋种类	抗震等级	混凝土强度等级								
		C20	C25	C30	C35	C40	C45	C50	C55	≥C60
HPB300	一、二级(l_{abE})	45d	39d	35d	32d	29d	28d	26d	25d	24d
	三级(l_{abE})	41d	36d	32d	29d	26d	25d	24d	23d	22d
	四级(l_{abE}) 非抗震级(l_{ab})	39d	34d	30d	28d	25d	24d	23d	22d	21d
HRB335 HRBF335	一、二级(l_{abE})	44d	38d	33d	31d	29d	26d	25d	24d	24d
	三级(l_{abE})	40d	35d	31d	28d	26d	24d	23d	22d	22d
	四级(l_{abE}) 非抗震级(l_{ab})	38d	33d	29d	27d	25d	23d	22d	21d	21d
HRB400 HRBF400 RRB400	一、二级(l_{abE})	—	46d	40d	37d	33d	32d	31d	30d	29d
	三级(l_{abE})	—	42d	37d	34d	30d	29d	28d	27d	26d
	四级(l_{abE}) 非抗震级(l_{ab})		40d	35d	32d	29d	28d	27d	26d	25d
HRB500 HRBF500	一、二级(l_{abE})	—	55d	49d	45d	41d	39d	37d	36d	35d
	三级(l_{abE})	—	50d	45d	41d	38d	36d	34d	33d	32d
	四级(l_{abE}) 非抗震级(l_{ab})		48d	43d	39d	36d	34d	32d	31d	30d

四、受拉钢筋锚固长度 l_a、抗震锚固长度 l_{aE}

在较强地震作用过程中,梁、柱截面和剪力墙底部截面中的纵向受力钢筋均处于交替拉、压状态,混凝土与钢筋的粘结锚固作用逐渐削弱,因此,抗震锚固长度应大于非抗震锚固长度。

纵向受拉钢筋的抗震锚固长度 l_{aE} 按下列公式计算,见表 1-9。

一、二级抗震等级:$l_{aE} = 1.15 l_a$

三级抗震等级:$l_{aE} = 1.05 l_a$

四级抗震:$l_{aE} = l_a$

表 1-9　受拉钢筋锚固长度 l_a、抗震锚固长度 l_{aE}

非抗震	抗震	
$l_a = \zeta_a l_{ab}$	$l_{aE} = \zeta_{aE} l_a$	1. l_a 应不小于 200mm。 2. 锚固长度修正系数 ζ_a 按表 1-7 选用,当多于一项时,可按连乘积算,但应不小于 0.6。 3. ζ_{aE} 为抗震锚固长度修正系数,对一、二级抗震等级取 1.15,对三级抗震等级取 1.05,对四级抗震等级取 1.00

第三节　钢筋接头

一、钢筋接头的类型

钢筋的接头可分为绑扎搭接、机械连接和焊接三大类,见表 1-10。钢筋接头的类型及质量应符合现行相关国家标准的规定。受力钢筋的接头应设置在受力较小处,在同一根钢筋上应少设接头。

表 1-10　钢筋接头类型

序号	接头种类		适用情况	接头长度(mm)
1	绑扎		$d < 28mm$	按规范
2	电焊	单面焊		$(8 \sim 10)d$
3		双面焊		$(4 \sim 5)d$
4		单面绑条焊		$(8 \sim 10)d$
5		双面绑条焊		$(4 \sim 5)d$
6	闪光对焊			I 级 $(0.75 \sim 1.25)d$,II、III 级 $(1.0 \sim 1.5)d$
7	电渣压力焊		竖向构件,不能用于平面构件	$(1.0 \sim 1.5)d$
8	气压焊			
9	套筒	直螺纹		$16 \sim 40$
10		锥螺纹		$16 \sim 40$
11		套筒挤压		$16 \sim 40$
12	点焊			钢筋网片

二、绑扎搭接接头

绑扎搭接钢筋之间的传力是由于钢筋与混凝土之间的粘结锚固作用。两根相向受力钢筋分别锚固在搭接连接区域的混凝土中,将拉力传递给混凝土,从而实现钢筋之间的应力传递。钢筋绑扎搭接的原则如下。

①　轴心受拉及小偏心受拉杆件(如桁架和拱的拉杆)的纵向受力钢筋,不得采用绑扎搭接接头。

②　当受拉钢筋的直径 $d > 25\text{mm}$ 及受压钢筋的直径 $d > 28\text{mm}$ 时,不宜采用绑扎搭接接头。

③　纵向受力钢筋连接位置应避开梁端、柱端箍筋加密区。如必须在此连接时,应采用机械连接或焊接。

④　同一构件中相邻纵向受力钢筋的绑扎搭接接头应相互错开。

⑤　钢筋绑扎搭接接头连接区段的长度应为搭接长度的 1.3 倍。

⑥　凡搭接接头中点位于该连接区段长度内的搭接接头,均属于同一连接区段。

⑦　同一连接区段内,纵向钢筋搭接接头面积百分率,为该区段内所有搭接接头的纵向受力钢筋截面面积与全部纵向受力钢筋截面面积的比值,如图1-4所示。

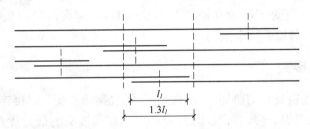

图 1-4　同一连接区段内的纵向受拉钢筋绑扎搭接接头

注:图中所示同一连接区段内的搭接接头钢筋为两根,当钢筋直径相同时,钢筋搭接接头面积百分率为50%。

⑧　位于同一连接区段内的受拉钢筋搭接接头面积百分率:对梁类、板类及墙类构件,不宜大于 25%;对柱类构件,不宜大于 50%。

⑨　当工程中确有必要增大受拉钢筋搭接接头面积百分率时,对梁类构件,应不大于 50%;对板类、墙类及柱类构件,可根据实际情况放宽。

⑩　纵向受拉钢筋绑扎搭接接头的搭接长度,应根据位于同一连接区段内的钢筋搭接接头的面积百分率,按下列公式计算,但在任何情况下,纵向受拉钢筋绑扎搭接接头的搭接长度均应不小于 300mm。

纵向受拉钢筋绑扎搭接长度:

$$非抗震 \quad l_l = \zeta_l l_a$$

$$抗震 \quad l_{lE} = \zeta_l l_{aE}$$

式中　l_{aE}、l_a——纵向受拉钢筋的锚固长度,按钢筋锚固长度的计算公式确定,见表 1-9;

　　　ζ_l——纵向受拉钢筋搭接长度修正系数,按表 1-11 选用。

表 1-11 纵向受拉钢筋搭接长度修正系数

纵向受拉钢筋绑扎搭接长度 l_{lE}、l_l			注:
抗震	非抗震		1. 当直径不同的钢筋搭接时,l_l、l_{lE} 按直径较小的钢筋计算。
$l_{lE}=\zeta_l l_{aE}$	$l_l=\zeta_l l_a$		2. 任何情况下应不小于 300mm。
纵向受拉钢筋搭接长度修正系数 ζ_l			3. 式中 ζ_l 为纵向受拉钢筋搭接长度修正系数。当纵向钢筋搭接接头百分率为表的中间值时,可按内插取值
纵向钢筋搭接接头面积百分率(%)	<2.5	50	100
ζ_l	1.2	1.4	1.6

⑪ 构件中的纵向受压钢筋,当采用搭接连接时,其受压搭接长度不小于上述纵向受拉钢筋搭接长度 l_l 的 0.7 倍,且在任何情况下不小于 200mm。

⑫ 在纵向受力钢筋搭接长度范围内应配置箍筋,其直径不小于搭接钢筋中较大直径的 0.25 倍;当钢筋受拉时,箍筋间距不大于搭接钢筋中较小直径的 5 倍,且不大于 100mm;当钢筋受压时,箍筋间距不大于搭接钢筋中较小直径的 10 倍,且不大于 200mm;当受压钢筋直径大于 25mm 时,还应在搭接接头的两个端面外 100mm 范围内,各设置两个箍筋。

三、焊接接头

钢筋焊接连接是利用热加工,熔融金属,实现钢筋连接。焊接连接分为电渣压力焊、闪光接触对焊、电弧焊、气压焊、点焊等。焊接接头的最大优点是节约钢筋,但焊接连接有很大的缺陷,如操作工艺不当、施工条件受限、气候环境不符合要求等,致使焊接质量难以保证。美国钢筋协会 CRSI(Concrete Reinforcing Steel Institute)提出:"在现有的各种钢筋连接方法中,电弧焊可能是最不可靠的方法。"故焊接接头不能与机械接头相提并论,但焊接接头方便、经济,实际生产中应用较广。焊接接头的类型与质量必须符合国家现行相关标准和规定,其焊接连接原则如下。

① 纵向受力钢筋的焊接接头应相互错开。钢筋焊接接头连接区段的长度为 $35d$(d 为纵向受力钢筋的较大直径)且不小于 500mm,凡接头中点位于该连接区段长度内的焊接接头均属于同一连接区段。位于同一连接区段内纵向受力钢筋的焊接接头面积百分率,对纵向受拉钢筋接头不大于 50%。纵向受压钢筋的接头面积百分率可不受限制。但装配式构件连接处的纵向受力钢筋焊接接头可不受以上限制;承受均布荷载作用的屋面板、楼板、檩条等简支受弯构件,如在受拉区内配置的纵向受力钢筋少于 3 根时,可在跨度两端各 1/4 跨度范围内设置一个焊接接头。

② 需进行疲劳验算的构件,其纵向受拉钢筋不得采用绑扎搭接接头,也不宜采用焊接接头,且严禁在钢筋上焊有任何附件(端部锚固除外)。

③ 国外进口的高碳钢钢筋、各种冷加工钢筋(冷拉、冷拔、冷轧、冷扭)和用作

预应力配筋的高强钢丝、钢绞线都不能焊接。

④当直接承受吊车荷载的钢筋混凝土吊车梁、屋面梁及屋架下弦的纵向受拉钢筋,必须采用焊接接头时,应符合下列规定:必须采用闪光接触对焊,并去掉接头的毛刺及卷边;同一连接区段内纵向受拉钢筋焊接接头面积百分率应不大于25%,此时,焊接接头连接区段的长度应取 $45d$(d 为纵向受力钢筋中的较大直径);疲劳验算时,应按《混凝土结构设计规范》(GB 50010—2010)的规定,对焊接接头处的疲劳应力幅限值进行折减。

⑤电渣压力焊只能用于竖向构件。

四、机械接头

钢筋的机械连接是通过连贯于两根钢筋的套筒来实现传力。机械连接分为直螺纹、锥螺纹、套筒挤压三种。机械接头的类型和质量必须符合国家现行相关标准和规定,钢筋机械连接的原则如下。

①机械连接接头。纵向受力钢筋机械连接接头应相互错开。钢筋机械连接接头连接区段的长度为 $35d$(d 为纵向受力钢筋中的较大直径),凡接头中点位于该连接区段内的机械连接接头均属于同一连接区段。在受力较大处设置机械连接接头时,位于同一连接区段内的纵向受拉钢筋接头面积百分率不宜大于50%。纵向受压钢筋的接头面积百分率可不受限制。直接承受动力荷载结构构件中的机械连接接头,除应满足设计要求的抗疲劳性能外,位于同一连接区段内的纵向受力钢筋接头面积百分率应不大于50%。

②机械连接接头连接件(套筒)的混凝土保护层厚度,应满足纵向受力钢筋最小保护层厚度的要求。连接件(套筒)之间的横向净间距不宜小于25mm。

第四节　钢筋的混凝土保护层

一、混凝土保护层及其作用

钢筋的混凝土保护层就是钢筋外边缘与混凝土外表面之间的距离。

钢筋混凝土保护层的作用首先是根据建筑物耐久性要求,在设计年限内防止钢筋产生危及结构安全的锈蚀;其次是保证钢筋与混凝土之间有足够的粘结力,保证钢筋与其周围混凝土能共同工作,并使钢筋充分发挥计算所需的强度。

如果没有钢筋混凝土保护层或钢筋混凝土保护层不足,钢筋就会受到水分或有害气体的侵蚀,生锈剥落,截面减小,使构件承载能力降低;钢筋生锈后体积增大,使周围混凝土产生裂缝;裂缝展开后又促使钢筋进一步锈蚀,形成恶性循环,进一步导致混凝土构件保护层剥落,钢筋截面减少,承载力降低,削弱构件的耐久性。

混凝土保护层过小,导致混凝土对钢筋握裹不好,使钢筋锚固能力降低,影响构件受力性能;混凝土保护层过大,也会降低构件的有效高度和承载力。

有防火要求的建筑物,在建筑物防火等级确立的耐火极限时段内,要保证构件的混凝土保护层对构件不失去保护作用。

二、混凝土保护层的最小厚度

混凝土保护层的最小厚度,取决于构件的耐久性、耐火性和受力钢筋粘结锚固的要求,同时与环境类别有关,详见表 1-12。

表 1-12 混凝土结构的环境类别

环境类别		条 件
一类		室内干燥环境;无侵蚀性静水浸没环境
二类	a	室内潮湿环境;非严寒和非寒冷地区的露天环境;非严寒和非寒冷地区与无侵蚀性的水或土壤直接接触的环境;寒冷和严寒地区的冰冻线以下的无侵蚀性的水或土壤直接接触的环境
	b	干湿交替环境;水位频繁变动环境;严寒和寒冷地区的露天环境;严寒和寒冷地区的冰冻线以上与无侵蚀性的水或土壤直接接触的环境
三类	a	严寒和寒冷地区冬季水位变动区环境;受除冰盐影响环境;海风环境
	b	盐渍土环境;受除冰盐作用环境;海风环境
四类		海水环境
五类		受人为或自然的侵蚀性物质影响的环境

注:① 室内潮湿环境是指构件表面经常处于结露和湿润状态的环境。

② 严寒和寒冷地区的划分应符合现行国家标准《民用建筑热工设计规范》的有关规定。

③ 海岸环境与海风环境宜根据当地环境,考虑主导风向和结构所处迎风、背风部位等因素影响,由调查研究和工程经验确定。

④ 受除冰盐影响环境是指受除冰盐盐雾影响的环境;受除冰盐作用环境是指被除冰盐溶液溅射的环境以及使用除冰盐地区的洗车房、停车楼等建筑。

⑤ 暴露的环境是指混凝土结构表面所处的环境。

混凝土保护层是指最外层钢筋外边缘至混凝土表面的距离,其最小厚度应不小于钢筋的公称直径,且应符合表 1-13 的规定。

表 1-13 混凝土保护层最小厚度 　　　　　　(mm)

环境类别	一类	二类 a	二类 b	三类 a	三类 b
板、墙	15	20	25	30	40

续表 1-13

环境类别	一类	二类 a	二类 b	三类 a	三类 b
梁、柱	20	25	35	40	50

注：① 表中混凝土保护层厚度是指最外层钢筋外边缘至混凝土表面的距离，适用于设计使用年限为 50 年的混凝土结构。

② 构件中受力钢筋的保护层厚度应不小于钢筋的公称直径。

③ 设计使用年限为 100 年的混凝土结构，一类环境中，最外层钢筋的保护层厚度应不小于表中数值的 1.4 倍；二、三类环境中，应采取专门的有效措施。

④ 混凝土强度等级不大于 C25 时，表中保护层厚度数值应增加 5mm。

⑤ 钢筋混凝土基础应设置混凝土垫层，基础中钢筋的混凝土保护层厚度应从垫层顶面算起，且应不小于 40mm。

三、混凝土保护层厚度的要求

① 基础中纵向受力钢筋的混凝土保护层厚度应不小于 50mm；当无垫层时应不小于 70mm。一般有地下室的基础筏板底保护层为 100mm。

② 当梁、柱中纵向受力钢筋的混凝土保护层厚度大于 50mm 时，应对保护层采取有效的防裂构造措施。处于二、三类环境中的悬臂板，其上表面应采取有效的保护措施。

③ 特殊条件下的混凝土保护层。一类环境中，设计使用年限为 100 年的结构混凝土保护层厚度应不小于表 1-13 中数值的 1.4 倍；二、三类环境中应采取专门的有效措施；三类环境中的结构构件，其受力钢筋应采用环氧树脂涂层带肋钢筋；对有防火要求的建筑物，其混凝土保护层厚度，应符合国家现行相关标准的要求；处于四、五类环境中的建筑物，其混凝土保护层厚度，应符合国家现行相关标准的要求。

控制钢筋混凝土保护层，一般采用以下措施：混凝土垫块用于控制基础底板和板下部的纵筋、梁下部的箍筋和纵筋；扎丝混凝土垫块用于控制柱、梁、墙侧面纵筋的保护层；马凳筋主要用来控制基础底板和板上部的纵筋。

第五节　钢筋弯曲调整值

一、钢筋的加工尺寸、计算长度和下料长度

① 钢筋的加工尺寸。钢筋的加工尺寸也称为钢筋图示尺寸，是构件截面长度减去钢筋混凝土保护层厚度后的长度。如图 1-5 所示，L_1、L_2 为钢筋的加工尺寸。

② 钢筋的计算长度。钢筋的计算长度也称为钢筋的预算长度。《清单计价规

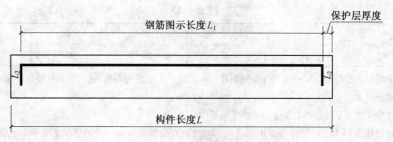

图 1-5 钢筋的加工尺寸

范》要求钢筋长度按钢筋图示尺寸计算,所以,钢筋的各段图示尺寸之和就是钢筋的预算长度。

钢筋的计算长度=各段加工尺寸之和+两端弯钩长度

③ 钢筋的下料长度。钢筋的下料长度=钢筋的计算长度-钢筋弯曲调整值

如图 1-6 所示,设钢筋弯曲 $90°$,$r=2.5d$。根据钢筋中心线不变的原理知:

钢筋的下料长度=$AB+BC$ 弧长+CD

$AB=L_2-(r+d)=L_2-3.5d$

$CD=L_1-(r+d)=L_1-3.5d$

BC 弧长=$2\times\pi\times(r+d/2)\times90°/360°=4.71d$

钢筋下料长度=$L_2-3.5d+4.71d+L_1-3.5d=L_1+L_2-2.29d$

$2.29d$ 即为钢筋弯曲调整值。

图 1-6 钢筋的下料长度

二、钢筋弯曲调整值

钢筋弯曲调整值是指弯曲时钢筋外皮的延伸长度。即在钢筋弯曲范围内,钢筋外皮尺寸之和减去钢筋中心线弧长所得差值。钢筋弯曲后,钢筋内皮缩短,外皮增长而中心线不变。由于我们通常按钢筋外皮尺寸标注,所以,钢筋下料时必须减去钢筋弯曲后的外皮延伸长度。钢筋下料必须考虑弯曲调整值。

钢筋弯曲调整值又称钢筋"弯曲延伸率"和"度量差值",其大小取决于钢筋弯

曲半径(也叫弯心半径)。弯曲半径按传统做法:一级钢筋为 $2.5d$(d 为钢筋直径),二、三级钢筋为 $4d$。

(1)弯曲半径　根据《混凝土结构设计规范》(GB 50010—2010)规定:框架顶层框架梁上部纵筋与柱外侧纵向钢筋,在节点角部的弯曲内半径,当钢筋直径 $d \leqslant$ 25mm 时,不宜小于 $6d$;当 $d > $ 25mm 时,不宜小于 $8d$。这仅针对屋面框架梁上部纵向钢筋和柱外侧钢筋的特殊要求。试验表明,当梁上部钢筋和柱外侧钢筋在顶层端点外上角的弯曲半径过小时,弯弧下的混凝土可能发生局部受压破坏。11G101 系列图集对钢筋的弯弧半径又作了进一步细化,纵向钢筋弯折要求,如图1-7 所示。

图 1-7 中括号内为屋顶柱梁的纵筋弯曲内径。增大内径使弯折处内侧的混凝土不致在钢筋受力时压碎。但弯曲内径过大,会造成过大的钢筋弯折弧度;弯曲内径过小,容易使钢筋在弯曲过程中脆性断裂或产生裂缝。如果屋面梁纵筋直径为 32mm、弯心直径为 512mm 时,普通弯曲机可能难以加工。弯曲内弧半径 r 的取值按规范确定,见表 1-14。

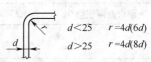

纵向钢筋弯折要求
(括号内为顶层过节点要求)

图 1-7　纵向钢筋弯折要求

表 1-14　弯曲内弧半径 r 取值

序号	钢筋规格的用途	钢筋弯曲内径 r
1	箍筋、拉筋	1.25 倍箍筋直径且 > 主筋直径/2
2	HPR235 主筋	$\geqslant$ 1.25 倍钢筋直径 d
3	HRR335 主筋	$\geqslant$ 2 倍钢筋直径 d
4	HRR400 主筋	$\geqslant$ 2.5 倍钢筋直径 d
5	楼层框架柱梁主筋直径≤25mm	4 倍钢筋直径 d
6	楼层框架柱梁主筋直径>25mm	6 倍钢筋直径 d
7	屋面框架柱梁主筋直径≤25mm	6 倍钢筋直径 d
8	屋面框架柱梁主筋直径>25mm	8 倍钢筋直径 d
9	轻骨料混凝土结构 HPR235 主筋	$\geqslant$ 2.5 倍钢筋直径 d

注: d 为钢筋直径, r 为钢筋弯曲内弧半径。这里按钢筋的外皮计算。135°和 180°的钢筋弯曲调整值必须确定准确的外皮尺寸。

(2)弯钩　在《混凝土结构工程施工质量验收规范(2010 年版)》(GB 50204—2002)中,受力钢筋的弯钩和弯折应符合下列规定。

① HPB300 级钢筋末端应做 180°弯钩,其弯心直径应不小于钢筋直径的 2.5 倍,弯钩的弯后平直段长度应不小于钢筋直径的 3 倍。

② 当设计要求钢筋末端需做 135°弯钩时,HRB335 级、HRB400 级钢筋的弯心直径应不小于钢筋直径的 4 倍。

③ 钢筋做不大于 90°的弯折时,弯折处的弯心直径应不小于钢筋直径的 5 倍。

(3)弯曲调整值   不同规格、不同直径甚至不同部位的钢筋弯曲调整值均不同。虽然弯曲调整值只占钢筋总量的 0.7%~0.9%,但对钢筋下料的准确性有着不可忽视的影响。同时,钢筋弯曲调整值取决于钢筋弯曲的角度和弯曲内弧半径。

传统钢筋弯曲调整值见表 1-15;推荐使用的钢筋弯曲调整值见表 1-16。

表 1-15   传统钢筋弯曲调整值

钢筋弯曲角度	30°	45°	60°	90°	135°
钢筋弯曲调整值	$0.3d$	$0.5d$	$1d$	$2d$	$3d$

表 1-16   推荐使用的钢筋弯曲调整值

弯曲内径 / 弯曲角度	$r=1.25d$	$r=2.5d$	$r=3d$	$r=4d$	$r=6d$	$r=8d$
30°	$0.29d$	$0.3d$	$0.31d$	$0.32d$	$0.35d$	$0.37d$
45°	$0.49d$	$0.54d$	$0.56d$	$0.61d$	$0.7d$	$0.79d$
60°	$0.77d$	$0.9d$	$0.96d$	$1.06d$	$1.28d$	$1.5d$
90°	$1.75d$	$2.29d$	$2.5d$	$2.93d$	$3.79d$	$4.65d$

第六节   箍筋的计算

一、箍筋的类型

箍筋的类型,在国家建筑标准图集 11G101-1 中,箍筋分 7 个类型,见表 1-17。

表 1-17   箍筋的类型

类型 1($m×n$)   类型 2   类型 3   类型 4   类型 5($m×n+Y$)   类型 6   类型 7

箍筋肢数是梁同一截面内在高度方向箍筋的根数,如图 1-8 所示,小截面梁宽度较小,产生的梁内剪力较小,采用单肢箍筋即可,其形状类似于一个 S 钩。一般单个封闭箍筋在高度方向就有两根钢筋,属于两肢箍。当截面宽较大时,同一截面采用两个封闭箍,并相互错开,高度方向就有 4 根,属于 4 肢箍。以此类推。

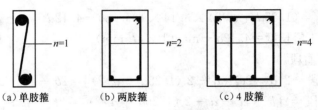

图1-8　箍筋的肢数

二、箍筋长度的计算

箍筋的作用是固定受力钢筋的位置,使钢筋形成坚固的骨架,同时还承受剪力,满足斜截面强度的需要,具有限制斜裂缝的展开、防止斜截面的破坏等作用。箍筋按功能分为普通箍筋、抗震箍筋和抗扭箍筋三类。

抗震箍筋弯钩角度为 $135°$,弯钩平直段长度大于 $10d$ 且不小于 $75mm$;非抗震箍筋弯钩角度为 $90°$,弯钩平直段长度为 $5d$;抗扭箍筋其末端应搭接 $30d$,搭接部分位于受压或压应力较小的受拉区。一般箍筋是小规格钢筋,钢筋弯心直径 $2.5d$ 即可满足要求,也应与构件纵向钢筋相吻合。

1. $135°$弯钩矩形箍筋长度的计算

如图 1-9 所示抗震箍筋,构件宽为 b ,高为 h ,保护层厚度为 c ,钢筋直径为 d ,弯曲直径 $D=2.5d$ 。其弯钩如图 1-10 所示,弯钩角为 $135°$,弯钩平直段长度为 $10d$,求箍筋下料长度。

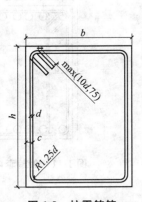

图1-9　抗震箍筋

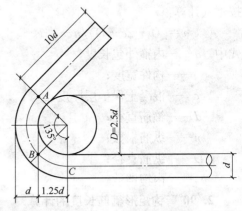

图 1-10　$135°$弯钩示意图

根据弯曲件中心线长度不变的原则,分步求出 $135°$箍筋弯钩中心线长度、4 个平直段和 3 个 $90°$角中心线弧长,即为箍筋下料长度。

① $135°$弯钩中心线长度(含平直段)。如图 1-10 所示,弯钩中心线长度,即 ABC 弧长$+10d$ 。

ABC 弧长$=(r+d/2)\times\pi\times\theta/180$

$$= (1.25d + d/2) \times 3.14 \times 135/180 = 4.12d$$

135°弯钩下料长度 $= 4.12d + \max(10d, 75\text{mm})$

② 4 个平直段。

b 向平直段 $= 2[b - 2c - d - 2(1.25d + d/2)] = 2b - 4c - 9d$

h 向平直段 $= 2[h - 2c - d - 2(1.25d + d/2)] = 2h - 4c - 9d$

③ 3 个 90°角中心线弧长 $= 3(r + d/2) \times \pi \times \theta/180$

$$= 3(1.25d + d/2) \times 3.14 \times 90/180 = 8.24d$$

上述三项之和得：$2b + 2h - 8c - 8d + 26.4d$，依据《混凝土结构设计规范》(GB50020—2010)保护层"不再以纵向受力筋的外缘,而以最外层钢筋(包括箍筋、构造筋、分布筋等)的外缘计算混凝土保护层厚度",箍筋下料长度(L)计算公式应为

抗震结构：$L = 2b + 2h - 8c - 1.5d + \max(10d, 75\text{mm}) \times 2$

若 $d \geqslant 8\text{mm}$,则 $L = 2b + 2h - 8c + 18.5d$

若 $d < 8\text{mm}$,则 $L = 2b + 2h - 8c - 1.5d + 2 \times 75\text{mm}$

非震结构：$L = 2b + 2h - 8c + 8.5d$

上述式中,$\max(10d, 75\text{mm})$是指弯钩平直段长度,取 $10d$ 和 75mm 中的较大值。

根据《建设工程工程量清单计价规范》(GB50500—2013),箍筋按图示尺寸即中心线长度计算,可以不扣钢筋弯曲调整值。如果对箍筋弯曲内径有特殊要求,那么弯钩长度应重新计算。

如图 1-11 所示为四肢箍筋,其内箍筋的外包长度可按下式计算：

$$a = [(b - 2c - D)/n - 1] \times p_n + D + 2d$$

式中　a——内箍外包长度；

　　　　b——构件宽度；

　　　　c——混凝土保护层厚度；

　　　　d——箍筋直径；

　　　　n——纵筋根数；

　　　　D——纵筋直径；

　　　　p_n——内箍挡数。

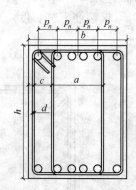

图 1-11　外箍套内箍图

2. 90°弯钩矩形箍筋长度的计算

90°弯钩矩形箍筋为非抗震箍筋,弯钩平直段长度为 $5d$,如图 1-12 所示,构件宽为 b,高为 h,保护层厚度为 c,钢筋直径为 d,其箍筋长度计算公式为

$$L = 2[h - 2c - d - 2(1.25d + d/2)] + 2[b - 2c - d - 2(1.25d + d/2)] +$$

$$3.14 \times \frac{90°}{180°} \times (1.25d + d/2) \times 5 + 10d$$

$$= 2h + 2b - 8c + 6d$$

3. 圆环箍筋长度的计算

圆环形箍筋为安装在圆形构件中的箍筋,如钢筋混凝土圆柱、圆形水池及水塔中的横向配筋,如图 1-13 所示。圆环形箍筋长度计算公式为

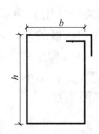

图 1-12　90°弯钩矩形箍筋

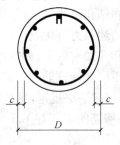

图 1-13　圆环箍筋长度

$$L = \pi(D - 2c) - 2(1.25d + d/2) + \pi\frac{90°}{180°}(1.25d + 1/2d) \times 2 + 20d$$

$$= \pi(D - 2c) + 22d$$

4. 异形箍筋长度的计算

如图 1-14 所示的矩形四肢箍筋,是由两个单箍在中间相互错开,设置在梁的同一截面处,其作用主要是为了增加梁的刚度和抗扭性能。四肢箍筋的长度计算公式为

$$L = 2 \times \frac{2}{3}\left[(b - 2c - d) - 2(1.25d + d/2)\right] +$$

$$2\left[h - 2c - d - 2(1.25d + d/2)\right] +$$

$$\left[4.12d + \max(10d, 75\text{mm})\right] \times 2 + 8.24d$$

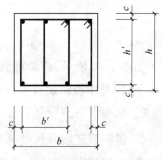

图 1-14　矩形四肢箍筋长度

$$= \frac{4}{3}b + 2h - \frac{20}{3}c + 1.5d + \max(10d, 75\text{mm}) \times 2$$

对于非抗震结构的箍筋长度:

$$L = \frac{4}{3}b + 2h - \frac{20}{3}c + 11.5d$$

5. 圈梁异形箍筋长度的计算

圈梁异形箍筋(带缺口)是设置在山墙圈梁中的一种箍筋,在砖混结构中,多用于屋盖圈梁,如图 1-15 所示,圈梁异形箍筋长度可按下式计算:

$$L = 2(b + h - 4c - 4d) + (0.12 - 2c + 2d) +$$

$$(h - 0.13 - 2c + 2d) + 12.5d - 1.75d \times 5$$

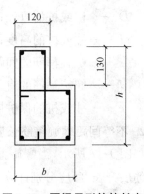

图 1-15　圈梁异形箍筋长度

三、螺旋箍筋长度的计算

1. 等间距螺旋箍筋长度的计算

圆柱和钻孔灌注桩,常常采用螺旋箍筋形式,其具有施工方便、节约钢筋、增强箍筋对柱的约束力等优点。在以平法表示的设计中,螺旋箍筋用 L 表示,螺旋箍筋也有加密和非加密区分,如"LΦ10@100/200","100"为加密区的间距,"200"为非加密区间距。螺旋箍筋有时只有一种间距,如"LΦ10@100",即全构件箍筋间距均为100mm。按平法规定,螺旋箍筋起始位置与结束位置,应有不小于一圈半的水平段长度;箍筋的端部有135°弯钩,弯钩长度为10d ,如图 1-16 所示。

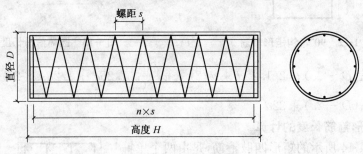

图 1-16　等间距螺旋箍

如图 1-16 所示,螺旋箍筋在柱面的展开长度为 3 个圆箍筋周长(两端各有 1.5圈水平段)与中段螺旋箍筋的展开长度之和。其箍筋长度计算如下:

① 两端水平圆展开长度 $=(1.5+1.5)\times\pi\times(D-2c+d)$

② 螺旋箍筋展开长度$= H/s\times\sqrt{[\pi\times(D-2\times c+d)]^2+s^2}$

③ 弯钩长度$=2\times11.9d$

螺旋箍筋总长度$=3\times\pi\times(D-2\times c+d)+H/s\times$

$$\sqrt{[\pi\times(D-2\times c+d)]^2+s^2}+2\times11.9d$$

式中　D——柱或桩的直径;

　　　H——柱或桩的高度;

　　　s——螺旋箍筋的间距;

　　　d——螺旋箍筋的直径;

　　　c——柱或桩的保护层厚度。

2. 不等间距螺旋箍筋长度的计算

如图 1-17 所示,当螺旋箍筋有加密和非加密间距时,其加密与非加密区的螺旋箍筋展开长度,应分别计算。

① 两端水平圆展开长度 $=1.5\times2\times\pi\times(D-2c+d)$

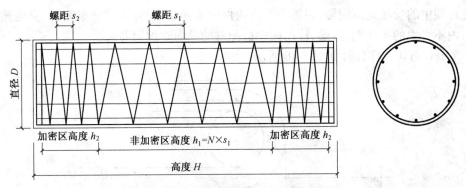

图 1-17 两种间距螺旋箍筋

② 螺旋箍筋展开长度 $= h_1/s_1 \times \sqrt{[\pi \times (D-2c+d)]^2 + s_1{}^2} + 2 \times h_2/s_2 \times \sqrt{[\pi \times (D-2c+d)]^2 + s_2{}^2}$

③ 弯钩长度 $= 2 \times 11.9d$

螺旋箍筋总长度 $= 3 \times \pi \times (D-2c+d) + h_1/s_1 \times$

$$\sqrt{[\pi \times (D-2c+d)]^2 + s_1{}^2} + 2 \times h_2/s_2 \times$$

$$\sqrt{[\pi \times (D-2c+d)]^2 + s_2{}^2} + 2 \times 11.9d$$

式中 D ——柱或桩的直径为；

H ——柱或桩的高度；

h_1 ——非加密区高度；

h_2 ——加密区高度；

s_1 ——非加密区螺旋箍筋的间距；

s_2 ——加密区螺旋箍筋的间距；

d ——螺旋箍筋直径；

c ——柱或桩的保护层厚度。

第七节 弯钩和拉筋

一、弯钩的设置及其长度

根据规范要求,受拉的 HPB300 级钢筋末端应做180°弯钩,其弯钩的弯心直径不少于 $2.5d$(d 为钢筋直径),弯钩平直段长度不小于 $3d$。绑扎骨架中的受力 HPB300 级钢筋应在末端做弯钩。弯钩的形式分为三种:半圆弯钩、直弯钩和斜弯钩。半圆弯钩主要用于光面钢筋,直弯钩主要用于板负筋,斜弯钩主要用于机械锚固。

下列情况之一可不做弯钩:带肋钢筋;焊接骨架和焊接网片中的光面钢筋;绑

扎骨架中的受压光面钢筋;在轴心受压构件中的光面钢筋;板的分布钢筋、温度筋;
梁内不受力的架立钢筋;梁、柱内按构造配置的纵向附加钢筋。

180°弯钩长度计算如图 1-18 所示。

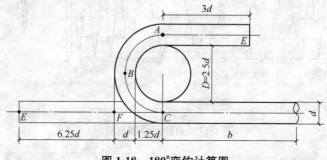

图 1-18　180°弯钩计算图

$$180°弯钩长度(FE) = ABC\ 弧长 - (d + 1.25d) + 3d$$
$$= \pi \times (0.5d + 0.5D) - (d + 1.25d) + 3d = 6.25d$$

二、拉筋的设置及其长度

拉筋一般用于柱、梁、墙等构件,有些人防基础底板和顶板也设置拉筋。拉筋
用于柱梁内与箍筋配合使用,约束混凝土和外围封闭箍筋。而剪力墙内拉筋,主要
用来固定墙钢筋网片,增强剪力墙的刚度。人防基础底板和顶板中的拉筋,也是为
增加其强度。

在抗震设计中,拉筋必须弯折 135°,拉筋平直段长度为 10d 和 75mm 中较大
值。在构件柱中,拉筋必须钩住柱梁的纵筋,并钩住外箍,《混凝土结构设计规范》
(GB 50010—2010)规定:"每隔一根纵向钢筋,宜在两个方向有箍筋或拉筋约束;当
采用拉筋时,拉筋宜紧靠纵向钢筋并钩住封闭箍筋"。

当箍筋肢数为奇数时,就产生单肢箍。单肢箍的形状与拉筋相同,只钩住梁
上、下纵筋。而梁内拉筋与箍筋垂直,同时拉住箍筋和侧面钢筋。

当梁侧面配置纵向钢筋时,每道侧面纵向钢筋必须用拉筋钩住。当梁宽不大
于 350mm,拉筋直径为 6mm;当梁宽大于 350mm,拉筋直径为 8mm。拉筋间距为
非加密区箍筋的两倍。当设有多排拉筋时,上、下两排拉筋,竖向错开设置。拉筋
紧靠纵向钢筋并钩住箍筋。

剪力墙内的拉筋,必须钩住墙的水平钢筋和竖直钢筋。剪力墙边缘构件内也
往往用拉筋取代箍筋,在剪力墙约束边缘构件和构造边缘构件中,拉筋应同时钩住
纵筋和箍筋。

连梁、暗梁和边框梁,应配置侧面构造拉筋,拉筋间距为两倍箍筋间距,竖向沿
侧面水平筋隔一拉一。

第八节 钢筋的代换

一、钢筋的代换原则

由于施工现场钢筋货源供应不配套,钢筋规格短缺,施工单位提出代换钢筋的需求。但结构设计师对整个结构有全面考虑,钢筋代换须征得结构设计师的同意。

当必须以高强度钢筋代换原设计的纵向受力钢筋时,应按受拉承载力设计值相等的原则代换,并满足抗震构造要求,不能造成薄弱部位的转移,不能发生因超筋而引起的形态变化。

《混凝土结构设计规范》(GB 50010—2010)规定:梁伸入支座平直段的长度,应大于 $0.4l_{aE}$,但由于梁的支座截面过小,梁钢筋规格过大,导致梁纵向钢筋平直段小于 $0.4l_{aE}$ 时,可向结构设计师提出钢筋代换要求。

钢筋代换原则,包括等强度代换(当构件受强度控制时)和等面积代换(当构件按最小配筋率配筋时)。当构件受裂缝宽度或挠度控制时,代换后应进行裂缝宽度或挠度验算。

钢筋代换计算公式:

$$n_2 \geqslant \frac{n_1 d_1{}^2 f_{y1}}{d_2{}^2 f_{y2}}$$

式中　n_2——代换钢筋根数;

　　　n_1——原设计钢筋根数;

　　　d_2——代换钢筋直径;

　　　d_1——原设计钢筋直径;

　　　f_{y2}——代换钢筋抗拉强度设计值(见表 1-1);

　　　f_{y1}——原设计钢筋抗拉强度设计值(见表 1-1)。

设计强度相同、直径不同的钢筋代换: $n_2 \geqslant n_1 \dfrac{d_1{}^2}{d_2{}^2}$

直径相同、强度设计值不同的钢筋代换: $n_2 \geqslant n_1 \dfrac{f_{y1}}{f_{y2}}$

钢筋代换后,有时由于受力钢筋直径加大,或根数增多而需要增加排数,则构件截面的有效高度 h_0 减小,截面强度降低。这种情况,通常可凭经验适当增加钢筋面积,然后再作截面强度复核。

对矩形截面受弯构件,可根据弯矩相等,按下式复核截面强度:

$$N_2\left(h_{02} - \frac{N_2}{2f_c b}\right) \geqslant N_1\left(h_{01} - \frac{N_1}{2f_c b}\right)$$

式中　N_1——原设计的钢筋拉力,等于 $A_{sL}f_{y1}$(A_{sL} 为原设计钢筋的截面面积,

f_{y1} 为原设计钢筋的抗拉强度设计值）；

N_2——代换钢筋拉力，同上；

h_{01}——原设计钢筋的合力点至构件截面受压边缘的距离；

h_{02}——代换钢筋的合力点至构件截面受压边缘的距离；

f_y——混凝土的抗压强度设计值，C20 混凝土为 $9.6N/mm^2$，C25 混凝土为 $11.9N/mm^2$，C30 混凝土为 $14.3N/mm^2$；

b——构件截面宽度。

二、钢筋代换的注意事项

钢筋代换时，必须充分了解设计意图和代换材料性能，并严格遵守现行国家标准《混凝土结构设计规范》(GB 50010—2010)的各项规定，凡重要结构中的钢筋代换，应征得设计单位同意。

① 对某些重要构件，如吊车梁、薄腹梁、桁架下弦等，不宜用 HPB235 级光圆钢筋代替 HRB335 和 HRB400 级带肋钢筋。

② 无论采用哪种方法进行钢筋代换，均应满足配筋构造规定，如钢筋的最小直径、间距、根数、锚固长度等。

③ 同一截面内，可同时配有不同种类和直径的代换钢筋，但钢筋的拉力差，均不能过大（如同品种钢筋的直径差值一般不大于 5mm），以免构件受力不均匀。

④ 梁的纵向受力钢筋与弯起钢筋应分别代换，以保证正截面与斜截面的强度。

⑤ 偏心受压构件（如框架柱、有吊车厂房柱、桁架上弦等）或偏心受拉构件，作钢筋代换时，不取整个截面配筋量计算，应按受力面（受压或受拉）分别代换。

⑥ 用高强度钢筋代换低强度钢筋时，应注意构件所允许的最小配筋百分率和最少根数。

⑦ 用几种直径的钢筋代换一种钢筋时，较粗的钢筋位于构件角部。

⑧ 当构件受裂缝宽度或挠度控制时，如用粗钢筋等强度代换细钢筋，或用 HPB235 级光面钢筋代换 HRB335 级螺纹钢筋时，应重新验算裂缝宽度。如以小直径钢筋代换大直径钢筋时，强度等级低的钢筋代替强度等级高的钢筋，则可不作裂缝宽度验算。如代换后钢筋总截面面积减少时，应同时验算裂缝宽度和挠度。

⑨ 根据钢筋混凝土构件的受力情况，如经截面的承载力和抗裂性能验算，确认设计因荷载取值过大、配筋偏大或虽然荷载取值符合实际，但验算结果发现原配筋偏大，作钢筋代换时，可适当减少配筋。但须征得设计同意，施工方不得擅自减少设计配筋。

⑩ 偏心受压构件中非受力的构造钢筋，在设计时未考虑，不参与代换，即不能按全截面进行代换，否则，导致受力代换后截面小于原设计。

第二章 平法识图基本知识

第一节 平法概述

一、平法的基本原理

平法是《混凝土结构施工图平面整体表示方法制图规则和构造详图》的简称，由山东大学陈青来教授发明，2000 年 7 月 17 日中华人民共和国建设部批准实施，并通知相关设计单位执行。

平法就是将建筑构件的尺寸和构造配筋等，按照平面整体表示方法制图规则，整体直接表达在各类构件的结构平面布置图上，再与标准构造详图相配合，构成一套完整的结构设计。简言之，平法就是建筑结构平面整体设计表示方法。

平法是结构设计中一种科学合理、简洁高效的设计方法，是将钢筋直接表示在结构平面图上，并附之各种节点构造详图，一改传统单构件正投影剖面索引，再逐个绘制配筋详图和节点构造详图这种繁琐低效、信息离散的设计方法，设计师可以用较少的元素，准确地表达丰富的设计意图，图纸信息高度浓缩、整合，集成度高。

平法最早发源于现场钢筋翻样，使钢筋翻样理论化、系统化、标准化，是高效可行的钢筋翻样方法，符合和满足钢筋施工实际需要。

二、平法的表示方法

以框架结构图中梁、柱为例，平法只绘制梁、柱的结构平面施工的二维图，并以文字的形式表达：梁或柱的混凝土模板尺寸和梁长、层高等尺寸；钢筋的强度等级和尺寸规格及其数量。平法在表达钢筋的强度等级、尺寸规格及其数量时，又分为集中化的统一要求的标注（集中标注）和分散的个性化的标注（原位标注）。平法不再绘制结构施工详图，施工单位的技术人员，可以根据构件的抗震等级，查阅《混凝土结构施工图平面整体表示方法制图规则和构造详图》中相应的详图及其相应尺寸。

平法绘制框架梁柱结构施工平面图，只包含梁、柱及其相关的集中标注和原位标注，不绘制结构施工详图。这样一来，设计单位就可以大大地提高出图效率，但是确认钢筋加工尺寸的这部分工作量，却转移到工地。工地施工人员如何根据手中的"平法"图纸，依据构件的抗震等级等条件，准确无误地查阅《混凝土结构施工图平面整体表示方法制图规则和构造详图》中相应的施工详图及其相应尺寸,便是十分关键的问题。

三、平法系列图集

新的平法图集一共有五本,分别是 11G101—1、11G101—2、11G101—3、12G101—4、13G101—11。新图集不是陈青来教授编写,是由中国建筑标准设计研究院组织编制。混凝土结构施工图平面整体表示方法制图规则和构造详图的图集如下。

11G101—1《混凝土结构施工图平面整体表示方法制图规则和构造详图(现浇混凝土框架、剪力墙、梁板)》。

11G101—2《混凝土结构施工图平面整体表示方法制图规则和构造详图(现浇混凝土板式楼梯)》。

11G101—3《混凝土结构施工图平面整体表示方法制图规则和构造详图(独立基础、条形基础、筏形基础及桩基承台)》。

12G101—4《混凝土结构施工平面整体表示方法制图规则和构造详图(剪力墙边缘构件)》。

13G101—11《G101 系列图集施工常见问题答疑图解》。

混凝土结构施工钢筋排布规则与构造详图的图集如下。

12G901—1《混凝土结构施工钢筋排布规则与构造详图(现浇混凝土框架、剪力墙、梁、板)》国家建筑标准设计图集,是对 11G101—1《混凝土结构施工图平面整体表示方法制图规则和构造详图(现浇混凝土框架、剪力墙、梁、板)》图集的构造内容、施工时钢筋排布构造的深化设计。12G901—1 替代 06G901—1、09G901—2、09G901—4。

12G901—2《混凝土结构施工钢筋排布规则与构造详图(现浇混凝土板式楼梯)》国家建筑标准设计图集,是对 11G101—2《混凝土结构施工图平面整体表示方法制图规则和构造详图(现浇混凝土板式楼梯)》图集的构造内容、施工时钢筋排布构造的深化设计。12G901—2 替代 09G901—5。

12G901—3《混凝土结构施工钢筋排布规则与构造详图(独立基础、条形基础、筏形基础及桩基承台)》国家建筑标准设计图集,是对 11G101—1《混凝土结构施工图平面整体表示方法制图规则和构造详图(独立基础、条形基础、筏形基础及桩基承台)》图集的构造内容、施工时钢筋排布构造的深化设计。12G901—3 替代 09G901—3。

12G901—1～3 图集可指导施工人员进行钢筋的施工排布设计、翻样计算和现场安装绑扎,确保施工时钢筋排布规范有序,使实际施工建造满足规范规定和设计要求,并可辅助设计人员进行合理的构造方案选择,实现设计构造与施工建造的有机衔接,全面保证工程设计与施工质量。

　　原 06G901—1《混凝土结构施工钢筋排布规则与构造详图（现浇混凝土框架、剪力墙、框架-剪力墙）》、09G901—2《混凝土结构施工钢筋排布规则与构造详图（现浇混凝土框架、剪力墙、框架-剪力墙、框支剪力墙结构）》、09G901—3《混凝土结构施工钢筋排布规则与构造详图》（筏基、箱基、独基、条基桩基承台及地下室结构）、09G901—4《混凝土结构施工钢筋排布规则与构造详图（现浇混凝土楼面与屋面板）》、09G901—5《混凝土结构施工钢筋排布规则与构造详图（现浇混凝土板式楼梯）》废止。

第二节　梁的平法识图

　　平法图纸梁的标注分为集中标注和原位标注两类。集中标注表达梁的通用数值，原位标注表达梁的特殊数值。当集中标注中的某项数值不适用于梁的某部位时，则将该项数值原位标注，如图 2-1 所示。

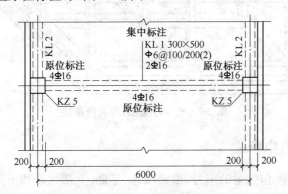

图 2-1　一层顶梁配筋图 1∶100

一、梁的构件代号

梁的构件代号见表 2-1。

表 2-1　梁的构件代号

构 件 名 称	构 件 代 号	构 件 名 称	构 件 代 号
楼层框架梁	KL	非框架梁	L
屋面框架梁	WKL	悬挑梁	XL
框支梁	KZL	井字梁	JZL

楼层框架梁和屋面框架梁的位置，如图 2-2 所示。

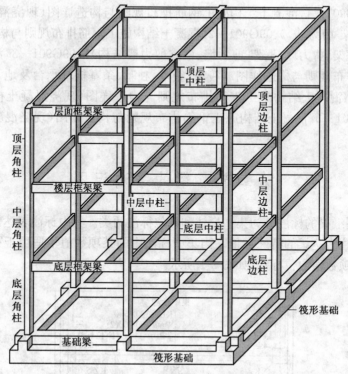

图 2-2 框架示意图(柱为框架柱)

二、梁的集中标注

梁的集中标注包括梁的编号、截面尺寸、箍筋、上部纵筋和下部纵筋筋、侧面构造钢筋或受扭钢筋的配置及顶面标高差。

梁的集中标注是在梁的边缘引出一垂直线,将表述的内容按顺序标注在此。图 2-3 为平法制图规则的规范标注形式。

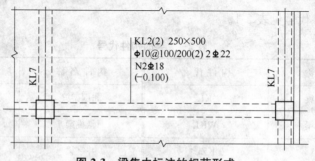

图 2-3 梁集中标注的规范形式

1. 梁的编号和截面尺寸的标注

梁的集中标注中,第一行注写梁的编号和截面尺寸。

（1）梁的编号 梁的编号由梁的类型代号、层数、序号、跨数及有无悬挑代号组成。

① 梁的类型代号。梁的类型代号见表 2-1。梁的平法标注如图 2-4 所示。有的图纸将以框架梁为支承点的非框架梁的代号，写成"LL"。

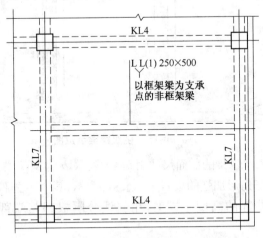

图 2-4 以框架梁为支承的梁

② 层数。在梁的编号中，"0"代表地下室层。一般情况下，多层楼房二层到顶层的下一层，多为标准层。如集中标注第一行中的"2,3"，表示第二层和第三层的顶梁一样。如果多层建筑的首层、顶层、地下层和标准层的平面布置格局均一样，就不加层数的代号。

③ 序号、跨数、悬挑代号。序号是梁的自然号；跨数，两柱之间为一跨，跨数不包括悬臂跨；悬挑代号，一端悬臂表示为 A，如图 2-5 所示，两端悬臂表示为 B，如图 2-6 所示。跨数、悬挑代号注写在括号内，如 KL5（4A）：表示第 5 号框架梁，共 4 跨，一端有悬挑。

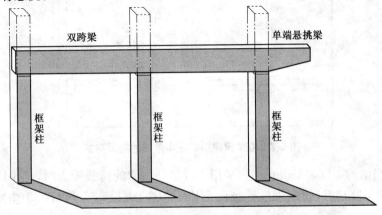

图 2-5 单端悬挑双跨梁示意图

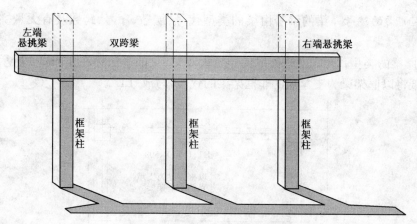

图 2-6　两端悬挑双跨梁示意图

（2）梁的截面尺寸　梁的截面尺寸用 $b×h$ 表示，b 为宽，h 为高；若是加腋梁（在靠近支座的端部有三角形加强的梁），用 $Yc_1×c_2$ 表示，其中 c_1 为腋长，c_2 为腋高；若是悬挑梁，且根部和端部的高度不同时，用斜线分隔根部与端部的高度值，即 $b×h_1/h_2$。

2. 梁箍筋的标注

梁的集中标注中，将梁的箍筋和梁上部的通长筋（通长筋也叫贯通筋），注写在第二行，如"φ6@200(2)2φ16"。

梁的箍筋包括钢筋级别、直径、箍筋加密区与非加密区的间距及肢数，如图 2-7 所示。钢筋的级别用符号表示，如φ（HPB300）、Φ（HRB335）、Φ^R（HRB400）、Φ^R（RRB400）等，见表 1-1；箍筋的间距符号用 @ 表示；箍筋加密区与非加密区的间距值，用斜线"/"分隔，先注写支座端部的箍筋间距值（加密区），再在斜线后注写梁跨中部的箍筋间距值（非加密区）；箍筋肢数注写在括号内。

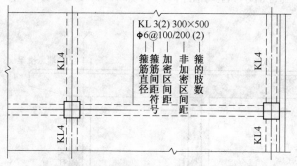

图 2-7　框架梁集中标注中箍筋的注写形式

① 当梁的宽度≥350mm 时，采用 4 肢箍筋。梁的荷载较大时，梁中纵向钢筋多需配置 4 肢箍筋；箍筋强度等级由 HPB300（φ）级提高到 HRB335（Φ）级，如图 2-8 所示。

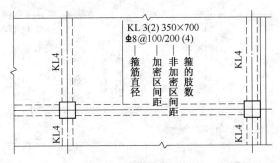

图 2-8 框架梁 4 肢箍筋的集中标注形式

②抗震梁的标注。如图 2-9 所示,一根抗震梁中,同时配置两肢和 4 肢箍筋时,在加密区配置 4 肢,在非加密区配置两肢。

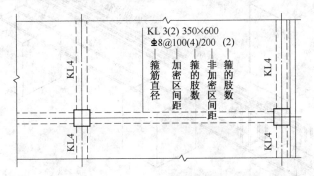

图 2-9 框架梁同时有 4 肢和两肢箍筋的标注形式

③加密区箍筋数量的标注。如图 2-10 所示,在箍筋的强度等级符号之前,标注了数字"12",表示梁的两端(箍筋加密区)各配置 12 个箍筋,剩下的梁中间部分(箍筋非加密区),按间距 200mm 布置。

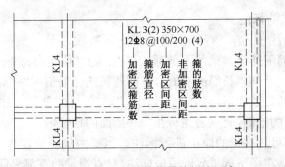

图 2-10 加密区箍筋数量的标注形式

梁的集中标注中,第二行将梁上部通长筋的数量、钢筋强度等级及其直径,注写在箍筋行的后面,如图 2-11 中的"Φ6@200(2) 2Φ16"。图 2-12 是图 2-11 中双跨通长筋的示意图。这里的"2Φ16"通长筋,是指梁上部的 2 根直径为 16mm 的通长筋。

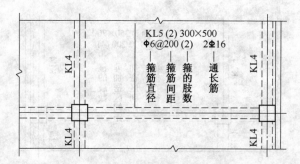

图 2-11 梁集中标注第二行的标注形式

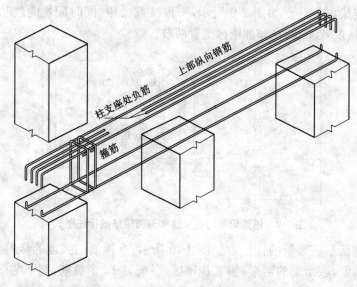

图 2-12 双跨梁上部通长筋示意图

3. 梁通长筋的标注

梁的集中标注中,第三行标注通长筋。注写顺序是:"梁的上部通长筋配筋值+(上部架立筋配筋值);梁的下部通长筋配筋值(位于角部)+下部通长筋配筋值(位于中部)"。上部通长筋配筋值与下部通长筋配筋值用";"隔开。若排筋数量不等时,上排筋的根数和下排筋的根数用"/"隔开。注写时,一律将位于角部的通长筋注写在"+"的前面,架立筋注写在"+"后面的括号内。

梁下部纵筋可放在梁的原位进行标注。当梁的集中标注中,已注写下部通长纵筋值时,则不需在梁下部重复做原位标注,只有当梁的下部纵筋每跨均相同才可在梁集中标注中注写,否则,每跨原位标注。

① 通长筋的标注。如图 2-13 所示,第三行注写的"2⏀20;4⏀18"为梁构件中的通长筋,其中,"2⏀20"是上排通长筋,位于上排角部;"4⏀18"是下部通长筋,位于梁底部。

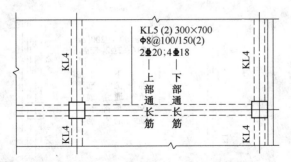

图 2-13 框架梁集中标注中通长筋的标注形式

② 通长筋与架立筋标注。如图 2-14 所示,第三行注写的"2⚍20＋(2⚍12)",其中,"2⚍20"是上部通长筋,位于上排角部;"(2⚍12)"是架立筋,位于上排中部。图 2-15 为通长筋与架立筋的示意图。

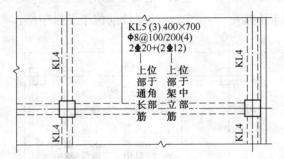

图 2-14 梁集中标注中通长筋与架立筋的标注形式

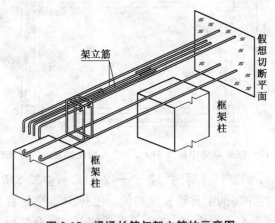

图 2-15 梁通长筋与架立筋的示意图

③ 上部、下部通长筋的标注。如图 2-16 所示,第三行注写的"2⚍16;2⚍20＋2⚍18"。其中"2⚍16"是上部通长筋位于上排角部;"2⚍20＋2⚍18"是下部通长筋。在"2⚍20＋2⚍18"中,2⚍20 通长筋位于下排角部;"2⚍18"通长筋位于下排中部。

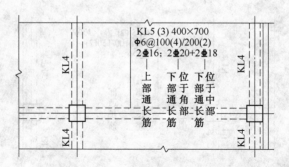

图 2-16　梁上、下部通长筋的标注形式

④ 上部、下部通长筋及架立筋的标注。如图 2-17 所示，第三行注写的"2Φ18＋(2Φ12)；2Φ22＋2Φ20"，其中"2Φ18＋(2Φ12)"是位于上排角部的上部通长筋和位于上排中部的架立筋；"2Φ22＋2Φ20"是梁下部的通长筋。在"2Φ22＋2Φ20"中，"2Φ22"通长筋位于下排角部，"2Φ20"的通长筋位于下排中部。

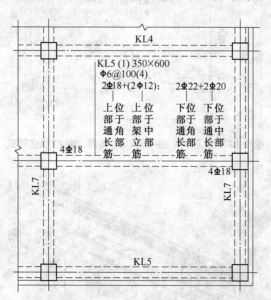

图 2-17　框架梁集中标注中上、下通长筋及架立筋的标注形式

如图 2-18 所示，第三行注写的"2Φ20＋(2Φ12)；7Φ22 2/5"，其中，"2Φ20＋(2Φ12)"是位于上排角部的上部通长筋和位于上排中部的上架立筋；"7Φ22 2/5"是梁下部通长筋，表示有 7 根钢筋，放在梁底部的上一排有 2 根，放在梁底部的下一排有 5 根。

4. 梁构造筋和抗扭筋的标注

梁的集中标注中，构造筋和抗扭筋标注在第四行，当梁腹板高度 $h_w \geqslant 450\text{mm}$

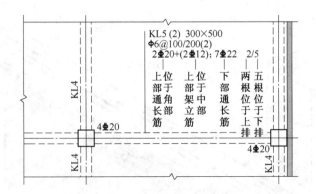

图 2-18 框架梁集中标注中上、下通长筋及中部架立筋的标注形式

时,须配置侧面纵向构造筋或抗扭筋。构造筋用 G 表示,抗扭筋用 N 表示,设计时应注明。

① 构造筋。构造筋标注如图 2-19 中第四行"G2Φ12"。构造筋设置在梁两侧面的中间位置(沿高度二等分),两侧面各 1 根,如图 2-20 所示。构造筋由箍筋和拉筋来固定其位置,图 2-21 为拉筋固定构造筋的示意图。

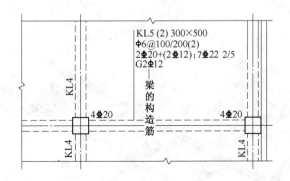

图 2-19 梁集中标注中构造筋的标注形式

② 抗扭筋。如果梁两侧荷载不对称,即梁两侧楼板宽度不一致或者一侧是边梁,这时,梁将承受扭矩的荷载。抗扭筋的标注如图 2-22 第四行"N4Φ16"。"N4Φ16"表示梁两侧各配置两根受扭纵向钢筋。

5. 梁顶面结构标高的标注

如图 2-23 梁的集中标注中,第五行标注的是梁的顶面结构标高,此项为选注值。梁的顶面结构标高,是相对于同层楼板顶面标高的差值,以 m 为单位,小数点保留 3 位,注写在括号中;没有标高差值时,不注写。

在图 2-23 中梁的集中标注第五行"(−0.100)",表示梁顶面标高低于楼板顶

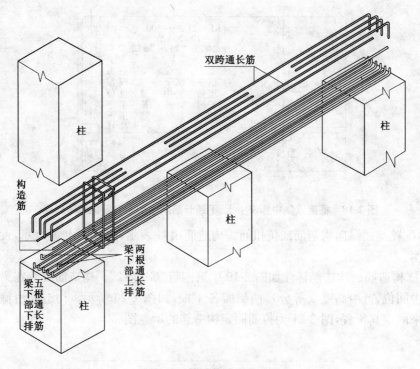

图 2-20 构造筋的设置位置

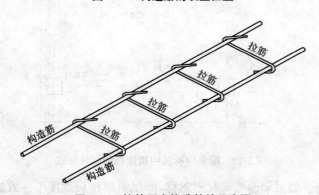

图 2-21 拉筋固定构造筋的示意图

面 0.1m,图 2-24 为梁顶面结构标高的示意图。

三、梁的原位标注

原位标注表示构件的特殊属性。当集中标注的某项数据不适用于构件某部位时,则用原位标注;当原位标注与集中标注不一致时,原位标注优先。原位标注注写在梁的特定部位时,表示钢筋的形状和具体位置;注写在上方时,表示钢筋在梁

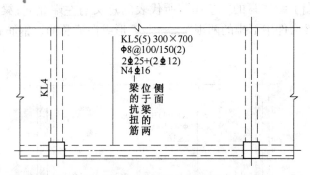

图 2-22 集中标注中抗扭筋的标注形式

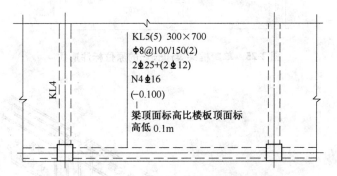

图 2-23 集中标注中梁顶面结构标高的标注形式

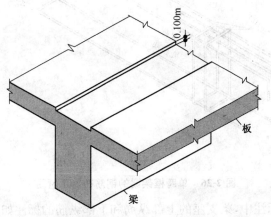

图 2-24 梁顶面结构标高示意图(梁顶面标高低于楼板顶面 0.1m)

的上缘;注写在下方时,表示钢筋在梁的下缘。

1. 纵筋的原位标注

以单跨框架梁为例,如图 2-25 所示,左柱旁梁上缘注写的"4Φ16",是指该梁上排钢筋中,包含了集中标注中的"2Φ16",剩下的"2Φ16",是两根直角形钢筋

"▐▄▄▄▄▄▄";梁右端上缘注写的"4Φ16",所代表的意义与左端相同;梁中间下缘注写的"2Φ16",是梁构件中下排的两根"▐▄▄▄▄▄▄▌"形纵向通长筋。钢筋布置示意图,如图 2-26 所示。

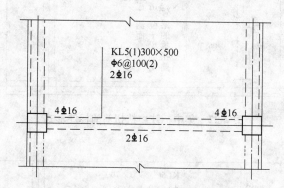

图 2-25 单跨框架梁通长筋的原位标注形式

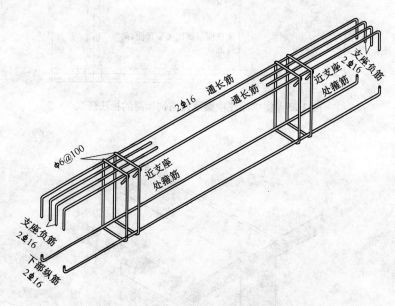

图 2-26 单跨框架梁的钢筋布置示意图

在梁的原位标注中,梁支座的上部纵筋和下部纵筋的标注如下。

(1)梁支座的上部纵筋的原位标注 梁支座的上部纵筋,是指含通长筋在内的所有纵筋。

①上部纵筋多于一排时,用"/"将各排纵筋自上而下分开。

②当同排纵筋有两种直径时,用"+"将两种直径的纵筋相连,注写时,将角部纵筋写在前面。

③ 当梁支座两边的上部纵筋不同时,须在支座两边分别注写;当梁支座两边的上部纵筋相同时,仅在支座的一边注写,另一边省去不注。

(2) 梁支座的下部纵筋的原位标注

① 下部纵筋多于一排时,用"/"将各排纵筋自上而下隔开。

② 当同排纵筋有两种直径时,用"＋"相连,注写时,将角部纵筋写在前面。

③ 当梁下部纵筋不全部伸入支座时,将梁支座下部纵筋减少的数量写在括号内,梁下部不伸入支座的纵筋用"(一)"表示。例如,"2Φ25＋3Φ22(－3)/5Φ25",表示上排有纵筋"2Φ25"和"3Φ22",其中"3Φ22"不伸入支座,下排有"5Φ25",全部伸入支座。

④ 当梁的集中标注中,注写了梁上部、下部均为通长筋的纵筋值时,则不需要在梁的下部重复做原位标注。

2. 箍筋的原位标注

① 梁的箍筋全部为原位标注。图 2-27 为三跨连续框架梁。由于三根梁的跨度均不同,因此,梁的受力状态不一样,三根梁配置的箍筋直径、间距和肢数也不相同,在集中标注时,没有注写箍筋的有关要求。这时,梁的箍筋应全部为原位标注,并分别注写在各自梁的下方。

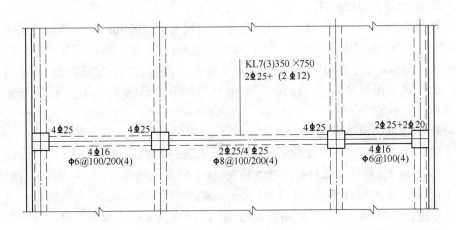

图 2-27 连续框架梁的箍筋原位标注

② 梁的箍筋原位标注与集中标注并存。如图 2-28 所示,箍筋既有集中标注,又有原位标注。这时,在箍筋集中标注的前提下,如果某跨没有原位标注时,就执行集中标注的内容;如果某跨有不同于集中标注的原位标注时,就执行原位标注的内容。图 2-28 中两个较小跨梁的箍筋有原位标注的内容,大跨梁的箍筋直径是8mm,而小跨梁的箍筋直径是 6mm,大跨梁和小跨梁的梁高、构造筋、梁的截面高

度也不同。这就是当集中标注的内容与原位标注的内容不一致时,原位标注的内容优先执行的原则。

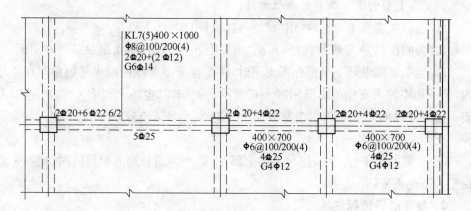

图 2-28 梁的箍筋集中标注与原位标注并存

附加箍筋或吊筋,将其直接画在平面图中的主梁上,用线引出注写总配筋值。当多数附加箍筋或吊筋相同时,一般在梁平法施工图上统一用文字说明;少数不同时,在原位标注。

3. 梁截面的原位标注

如图 2-28 所示,在集中标注中,梁的截面尺寸是 400mm×1000mm,也就是说,如果跨中没有对梁的截面尺寸专门做出原位标注时,便一律执行集中标注的截面尺寸。但是,从右边两跨的原位标注可以看出,这两跨梁的截面是 400mm×700mm。梁截面尺寸的原位标注,习惯上标注在下部筋的下方,这个标注补充了集中标注的不足。

4. 抗扭筋的原位标注

图 2-29 为五跨连续框架梁,梁的宽度为 350mm,所以,箍筋应设置 4 肢(梁宽度≥350mm 时,需设 4 肢);近柱处的箍筋,属于加密区箍筋,间距为 100mm;梁跨的中区,属于非加密区箍筋,间距为 200mm;梁的高度为 700mm,当梁的高度减去楼板厚度≥450mm 时,须设置构造钢筋,即"G4Φ12";为防止垂直于梁截面的部位发生收缩裂缝,设有两根上部通长筋"2Φ20"和两根架立筋"(2Φ12)"。这里要特别指出,图中只有一跨梁下注有"N4Φ12",表示 4 根直径为 12mm 的 HRB400 级抗扭筋。五跨连续框架梁中,只有一跨是原位标注"N4Φ12",也就是说,其余 4 跨均按集中标注的第四行设置构造钢筋。

5. 原位标注中钢筋上、下排的注写

原位标注中用"/"区分钢筋上、下排的数量,如图 2-30 中原位注写的"16Φ25 7/7/2",其对应的构件截面图,如图 2-31 所示。

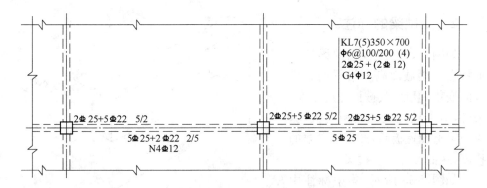

图 2-29 框架梁抗扭筋的原位标注

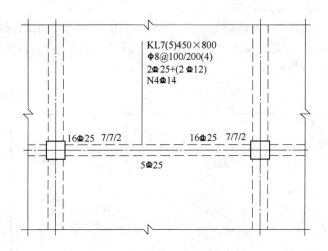

图 2-30 原位标注中钢筋上、下排的注写(斜杠)

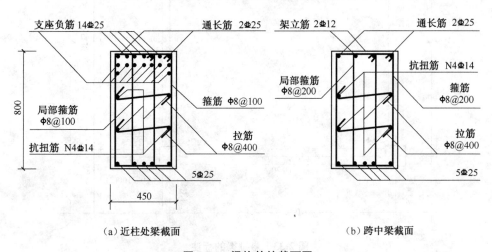

(a) 近柱处梁截面   (b) 跨中梁截面

图 2-31 梁构件的截面图

四、悬挑梁的标注

如图 2-32 所示,悬挑梁的几何特点是梁截面高度沿梁的长度方向变化,但是,其截面宽度不变。另外,由于悬挑梁的间距较大,为避免梁上设置板后,产生不必要的挠度,从而设计了小边梁。

如图 2-33 所示,集中标注中第一行"KL2-3(2A)",其中"A"表示在两跨梁的一端有悬挑梁。

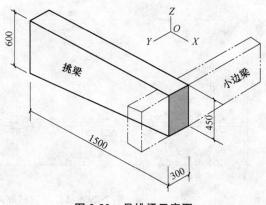

图 2-32 悬挑梁示意图

由于悬挑梁的受力特性,上部钢筋受拉,所以,梁内有"斜筋"(也叫弯起钢筋)。通常,在平法图中,框架梁及其次梁,纵向钢筋不设计"弯起钢筋"。悬挑梁中的"弯起钢筋"是悬挑梁的特点。

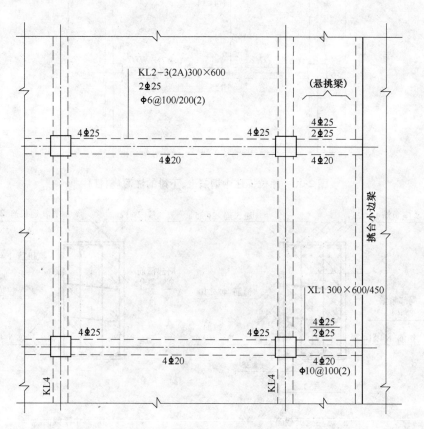

图 2-33 悬挑梁的标注

　　在同一建筑中,相同几何尺寸和相同配筋的悬挑梁,编成一个梁号,如"XL1"。悬挑梁以原位标注为主,在相同悬挑梁的一个梁处,注写梁宽、梁根部高度和梁端部高度,如图 2-33 中右下部 "XL1 300×600/450" 所示。

　　从图 2-33 中可知,悬挑梁上部筋单独注写为"$\frac{4\Phi25}{2\Phi25}$",规范标注应该用"/"将两者分开,但碍于地方狭窄,才采用分式标注,表示悬挑梁上部钢筋与左邻框架梁的上部钢筋不同。"4Φ25"表示设置在上部筋的第一排;"2Φ25"表示设置在上部筋的第二排,"4Φ25"和"2Φ25"之间的关系是上、下钢筋的配置关系。

　　此外,悬挑梁的箍筋间距也与左邻框架梁不同,其间距沿悬挑梁的全长加密,箍筋的高度也沿梁长逐渐变化。图 2-34 是根据图 2-33 悬挑梁平法图画出的施工详图。图 2-35 为该悬挑梁钢筋绑扎示意图。

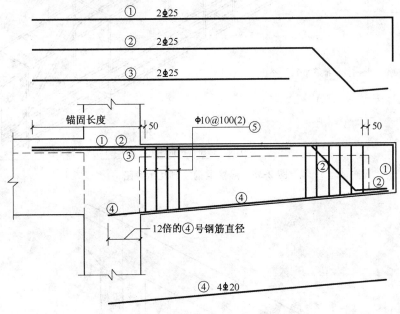

图 2-34　悬挑梁的施工详图

　　图 2-35 的①、②和③号筋,均伸入到框架梁中进行锚固。其锚固长度按梁的抗震等级,查施工标准详图。②号筋弯到如图 2-35 所示的梁下部上排。

　　从图 2-35 可知:2 根①号钢筋和 2 根②号钢筋,均为梁的上部筋,且均伸入到柱和梁中;②号筋及至近梁端处,又以 45°角下弯到梁底;③号筋是 2 根上部的二排筋,不伸至梁端。

五、加腋框架梁的标注

　　如图 2-36 所示,框架梁在接近框架柱时,梁的高度逐渐增加,多出的这部分

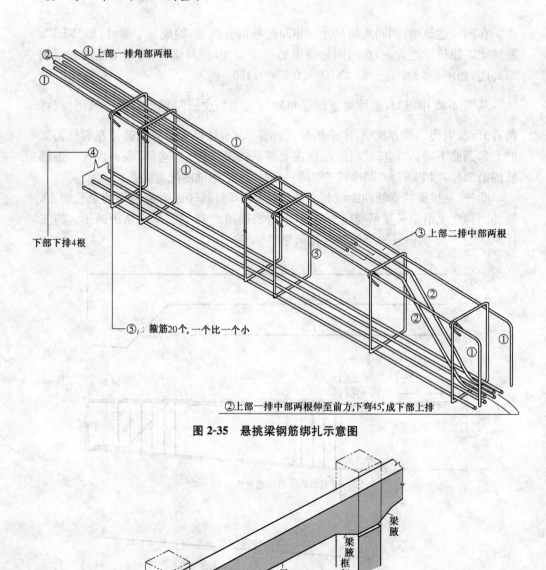

图 2-35 悬挑梁钢筋绑扎示意图

② 上部一排角部两根
① 上部一排角部两根
④ 下部下排4根
⑤ 箍筋20个,一个比一个小
③ 上部二排中部两根
② 上部一排中部两根伸至前方,下弯45°,成下部上排

图 2-36 加腋框架梁示意图

梁腋
梁腋框架柱
加腋梁
梁腋
腋高
腋宽
框架柱

叫梁腋。其水平部分叫腋宽;垂直部分叫腋高。梁腋处要增设腋筋,腋部箍筋的高度,沿腋宽方向随腋高变化而变化。

加腋框架梁的结构平面图及其标注方法如图 2-37 所示,其结构平面图和标注方法与一般框架梁基本相同,不同之处是加腋梁的水平投影有虚的短线,标注时,在截面尺寸前加注符号"Y"(即腋)。当为竖向加腋时,用 $GYc_1 \times c_2$ 表示,当为水平方向加腋时,用 $PYc_1 \times c_2$ 表示,其中 c_1 为腋长,c_2 为腋高。图 2-38 是根据图 2-37 加腋框架梁的平法图绘制的施工详图。

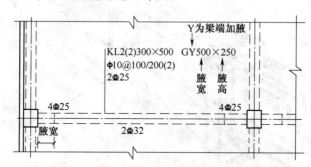

图 2-37　加腋框架梁结构平面图及其标注方法

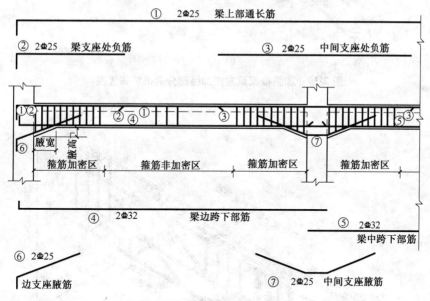

图 2-38　加腋框架梁施工详图

图 2-39 是上述加腋框架梁左侧加腋部分(边支座)的钢筋布置图。在图 2-37 中,梁左端上缘原位标注的"4 Φ 25",有两根是通长筋,另两根是直角形支座负筋。腋筋低于下部筋时,腋部的箍筋逐渐增高。

图 2-40 是上述中间框架柱上加腋框架梁的钢筋布置图。图 2-40 中③号支座负筋是直线形,而图 2-39 所示的②号支座负筋是直角形;图 2-40 中⑦号腋筋也与图 2-39 所示边支座的⑥号腋筋不同,图 2-40 中⑦号腋筋是盆形,也可以断开配筋。

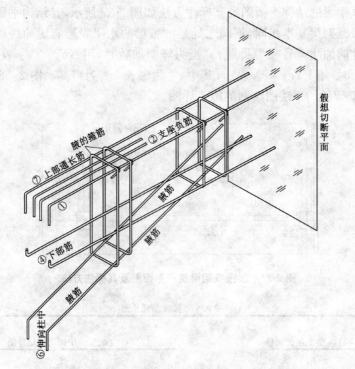

图 2-39 加腋框架梁左侧加腋部分的钢筋布置图

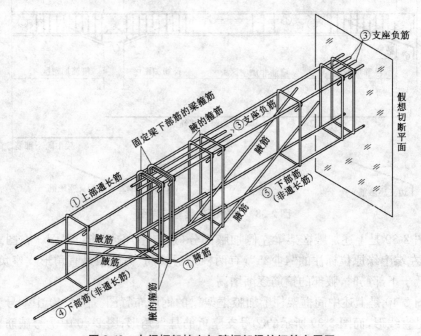

图 2-40 中间框架柱上加腋框架梁的钢筋布置图

第三节 柱的平法识图

一、柱的类型代号

柱构件的类型代号,见表2-2。

表 2-2　柱构件的类型代号

柱 类 型	代　号	柱 类 型	代　号
框架柱	KZ	梁上柱	LZ
框支柱	KZZ	剪力墙上柱	QZ
芯　柱	XZ		

柱平法施工图是在柱平面布置图上,采用截面注写方式或列表注写方式表述图示内容。

二、柱的截面注写方式

① 柱的截面标注。柱的截面标注方法与梁的集中标注类似。在柱平面布置图的柱截面上,同一编号的柱中,选取一个截面,原位放大,直接注写该编号柱的截面尺寸 $b×h$(b、h 柱截面宽、高)、角筋或全部纵筋、箍筋具体数值,以及柱截面配筋图上标注柱截面与轴线关系的具体数值。

柱的截面注写方式有两种:第一种,当纵筋直径相同时,无论矩形截面还是圆形截面,均注写全部纵筋;当矩形截面的角筋与中部筋直径不同时,按"角筋+b 边中部筋+h 边中部筋"的形式注写。第二种,在柱集中标注中,仅注写角筋,然后在截面配筋图上原位注写中部筋;当采用对称配筋时,仅注写一侧中部筋,另一侧不注写;当异形截面的角筋与中部筋不同时,按"角筋+中部筋"的形式注写。

② 箍筋注写。注写箍筋类型及箍筋肢数、箍筋级别、直径和间距。当柱为抗震设计时,用"/"区分柱端箍筋加密区与柱身非加密区箍筋的不同间距。矩形截面箍筋,用 $m×n$ 表示两向箍筋的肢数,其中 m 为 b 边上的肢数,n 为 h 边上的肢数。当圆柱在箍筋前加"L"时,表示采用螺旋箍筋。

在《混凝土结构施工图平面整体表示方法制图规则和构造详图》中,表达钢筋混凝土柱的模板尺寸和钢筋配置时,在柱的结构平面图中,尽量在最左排或最下排(即空间最前排)的柱中,选取一个作为典型并放大,画出柱的施工详图,相同编号的柱只画一个。如图 2-41 中,左下角编号为 KZ1 的柱。图中,柱的定位尺寸为 300mm,即柱边缘到柱轴心线的距离。对照图 2-41 柱平法标注的内容含义,如图 2-42 所示。

如图 2-43 所示,柱截面注写方式的识图,应从两方面对照阅读,一是柱平面

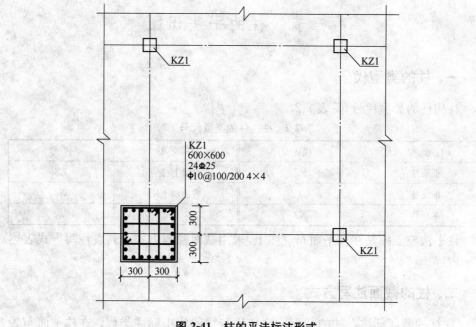

图 2-41　柱的平法标注形式

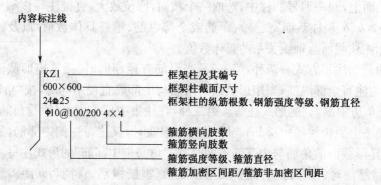

图 2-42　柱平法标注的解释

图,二是建筑层高、标高表。如图 2-43 中,第一层柱的标高为 $4.5-0.03=44.47$ (m);第二层柱的标高为 $4.47+4.2=8.67$(m);第三层……以此类推。

三、柱的列表注写方式

柱的列表注写方式,是指在柱平面布置图上,同一编号的柱中选取一个柱,注写几何参数代号,然后在列表中注写柱编号、起止标高、几何尺寸、配筋的具体数值,并配以各种柱截面形状及其箍筋类型图。柱的列表注写方式,如图 2-44 所示。

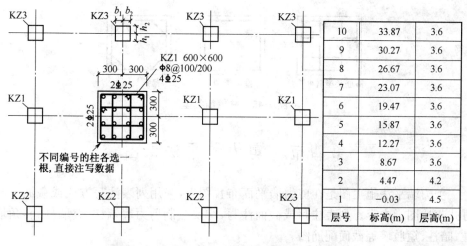

10	33.87	3.6
9	30.27	3.6
8	26.67	3.6
7	23.07	3.6
6	19.47	3.6
5	15.87	3.6
4	12.27	3.6
3	8.67	3.6
2	4.47	4.2
1	−0.03	4.5
层号	标高(m)	层高(m)

图 2-43　柱的截面注写方式

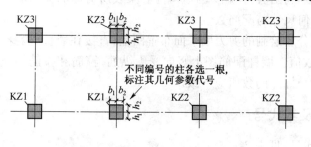

10	33.87	3.6
9	30.27	3.6
8	26.67	3.6
7	23.07	3.6
6	19.47	3.6
5	15.87	3.6
4	12.27	3.6
3	8.67	3.6
2	4.47	4.2
1	−0.03	4.5
层号	标高(m)	层高(m)

结构层楼面标高、结构层高

柱　表

柱号	标高	$b \times h$ （圆柱直径 D）	b_1	b_2	h_1	h_2	全部纵筋	角筋	b 边一侧中部筋	h 边一侧中部筋	箍筋类型号	箍筋	备注
KZ1	−0.03～15.87	600×600	300	300	300	300	4Φ25	2Φ25	2Φ25		1(4×4)	Φ10@100/200	
	15.87～33.87	500×500	250	250	250	250	4Φ25	2Φ25	2Φ25		1(4×4)	Φ10@100/200	

图 2-44　柱的列表注写方式

图 2-44 中 1(4×4)表示箍筋类型号为 1 号，b 边上的肢数 $m=4$，h 边上的肢数 $n=4$，箍筋类型如图 2-45 所示。

箍筋类型1($m \times n$)　　　箍筋类型2　　　箍筋类型3

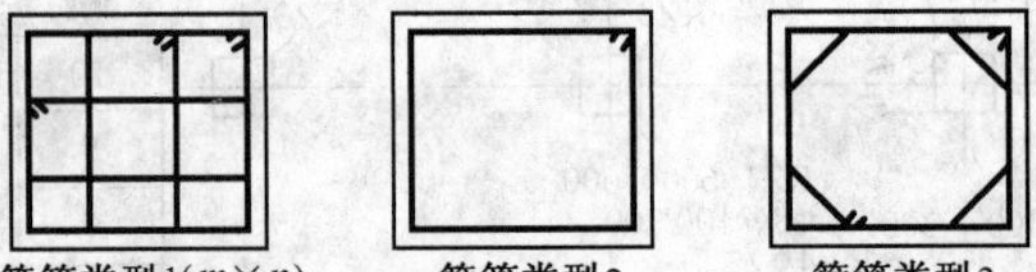

图 2-45　柱箍筋类型

第四节　剪力墙平法识图

剪力墙平法施工图是在剪力墙平面布置图上,采用列表注写方式或截面注写方式表述图示内容。列表注写或截面注写,均要绘制剪力墙端柱、翼墙柱、转角墙柱、暗柱、短肢墙等截面配筋图。

采用列表注写方式时,分别列出剪力墙的墙柱、墙身和梁表所对应的剪力墙平面布置图上的编号,并注写几何尺寸与配筋数值。

采用截面注写方式时,在分层绘制的剪力墙平面布置图上,直接在墙柱、墙身、墙梁上注写截面尺寸和配筋数值。墙柱配筋图上竖向受力纵筋、箍筋和拉筋均应绘制清楚,图上纵筋圆点个数与标注的数值应一致。

一、剪力墙构件名称及其代号

剪力墙的构件名称及其代号,见表 2-3。

表 2-3　剪力墙的构件名称及其代号

构件名称	代号	构件名称	代号	构件名称	代号	构件名称	代号
构造边缘暗柱	GAZ	构造边缘转角墙柱	GJZ	约束边缘翼墙柱	YYZ	扶壁柱	FBZ
构造边缘端柱	GDZ	约束边缘暗柱	YAZ	约束边缘转角墙柱	YJZ	剪力墙	Q
构造边缘翼墙柱	GYZ	约束边缘端柱	YDZ	非边缘端柱	DZ	连梁、暗梁	LL、AL

在图 2-46 剪力墙结构施工图中,标注的构件代号有:GJZ1、GJZ2(1 号、2 号构造边缘转角墙柱);GDZ1、GDZ2(1 号、2 号构造边缘端柱);GYZ1、GYZ2(1 号、2 号构造边缘翼墙柱);GAZ1(1 号构造边缘暗柱);FBZ1(1 号扶壁柱);Q1(1 号剪力墙)、Q2(2 号剪力墙)、Q3(3 号剪力墙)。

二、剪力墙的标注

图 2-47 为剪力墙钢筋布置示意图。

在图 2-46 剪力墙结构施工图中,剪力墙中的各个构件,标注了各自的代号及其序号,应配合绘制相应的表格,列出施工材料、尺寸和规格等内容。如 1 号剪力墙、2 号剪力墙的参数,见表 2-4。

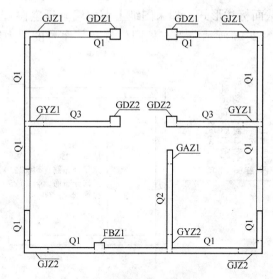

图 2-46 剪力墙结构施工图

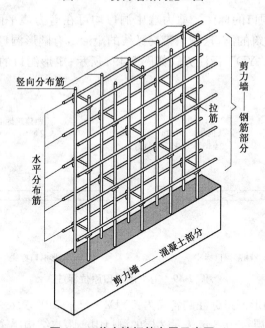

图 2-47 剪力墙钢筋布置示意图

表 2-4 剪力墙身表

编号	标高(m)	墙厚	水平分布筋	竖向分布筋	拉筋	备注
Q1(两排)	−0.110～12.260	300	Φ12@250	Φ12@250	Φ6@500	约束边缘构件范围
Q2(两排)	12.260～49.860	250	Φ10@250	Φ10@250	Φ6@500	
...						

① 剪力墙的截面标注形式。如果图纸上剪力墙附近空白较大,也可以在墙的旁边进行标注,如图 2-48 所示。当有相同代号及其序号的剪力墙时,只标注代号及其序号即可。

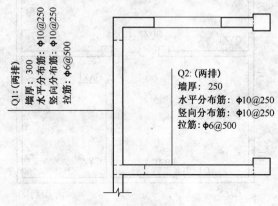

图 2-48　剪力墙原位标注

② 剪力墙中洞口的标注。剪力墙中洞口均可在剪力墙平面施工图上原位标注。在剪力墙中构筑的洞口(图中带交叉线的矩形),有圆形洞口和矩形洞口之分,圆形洞口的代号为"YD",标注方式如图 2-49a 所示;矩形洞口的代号为"JD",标注方式如图 2-49b 所示。

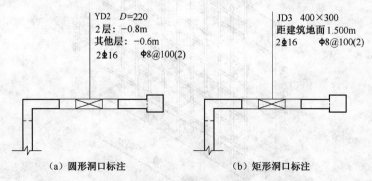

（a）圆形洞口标注　　　　　　　（b）矩形洞口标注

图 2-49　剪力墙洞口原位标注

图 2-49a 中,圆形洞口标注的含义为:"YD2　$D=220$"表示 2 号圆形洞口,洞口直径为 220mm;"2 层:-0.8m"表示 2 层的洞口中心距本结构层楼(地)面以下 0.8m;"其他层:-0.6m"表示其他层洞口中心距结构层楼面以下 0.6m;"2Φ16　Φ8@100(2)"表示洞口上、下设补强暗梁,每道暗梁纵筋为 2Φ16,箍筋为Φ8@100(2)。

图 2-49b 中,矩形洞口标注的含义为:"JD3　400×300"表示 3 号矩形洞口,洞宽 400mm,洞高 300mm;"距建筑地面 1.500m"表示洞口中心高于建筑地面 1.500m;"2Φ16　Φ8@100(2)"表示洞口上、下设补强暗梁,每道暗梁纵筋为 2Φ16,箍筋为Φ8@100(2)。

③ 剪力墙中洞口的表格标注形式。剪力墙中洞口的另一种标注方法,即辅以表格形式的标注。如图 2-50 所示,如果图纸上剪力墙附近没有足够的空白进行原位标注,只能注写洞口代号及其序号,这时,应辅以表格形式说明洞口的内容要求,见表 2-5。

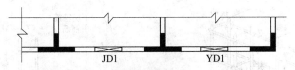

图 2-50　辅以表格形式的剪力墙洞口标注

表 2-5　剪力墙洞口表

编　号	洞口　宽×高(mm)	洞底标高(m)	层　　数
YD1	$D=200$	距建筑地面 1.800	一层至十二层
JD1	400×300	距建筑地面 1.500	二层至十一层

④ 剪力墙墙梁标注。在剪力墙的平面图中,应标注剪力墙的墙梁代号及其序号,以及所在层数、墙梁的高度和长度、所用钢筋的强度等级及其直径和箍筋间距肢数,上下纵筋的数量、钢筋强度等级及其直径,如图 2-51 所示。

在较小比例的图中,图纸上空白地方较小,只能标注墙梁的代号及其序号,如图 2-52 所示,这时,应辅以表格形式说明墙的内容和要求,见表 2-6。

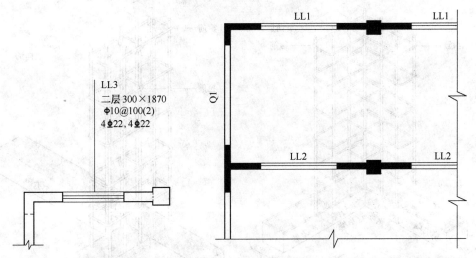

图 2-51　剪力墙墙梁标注　　　图 2-52　小比例剪力墙与连续梁的连接标注

表 2-6　连梁表

编　号	梁截面($b\times h$)	上部纵筋	下部纵筋	箍　筋	备　注
LL1	200×1260	3Φ16	3Φ16	Φ10@100(2)	
LL2	200×1260	3Φ12	3Φ12	Φ10@100(2)	

三、剪力墙构造边缘构件

剪力墙构造边缘构件(GBZ)如图 2-53 所示。

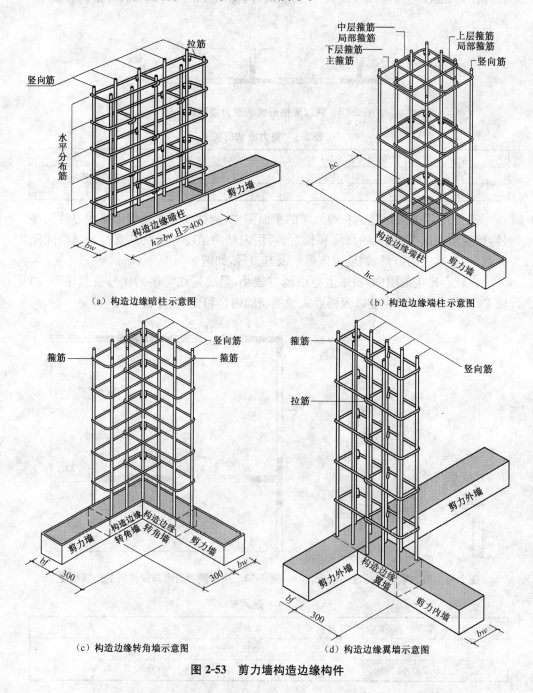

（a）构造边缘暗柱示意图

（b）构造边缘端柱示意图

（c）构造边缘转角墙示意图

（d）构造边缘翼墙示意图

图 2-53 剪力墙构造边缘构件

图 2-53a 为构造边缘暗柱,图 2-53b 为构造边缘端柱,图 2-53c 为构造边缘转角墙,图 2-53d 为构造边缘翼墙。在较小比例的图中,只标注剪力墙构造边缘构件代号及其序号,这时,应辅以表格形式说明构件内容和要求,见表 2-7。

表 2-7　剪力墙构造边缘构件表

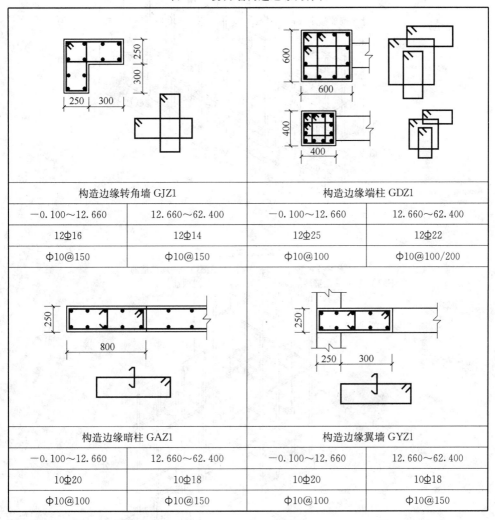

构造边缘转角墙 GJZ1		构造边缘端柱 GDZ1	
−0.100~12.660	12.660~62.400	−0.100~12.660	12.660~62.400
12Φ16	12Φ14	12Φ25	12Φ22
Φ10@150	Φ10@150	Φ10@100	Φ10@100/200
构造边缘暗柱 GAZ1		构造边缘翼墙 GYZ1	
−0.100~12.660	12.660~62.400	−0.100~12.660	12.660~62.400
10Φ20	10Φ18	10Φ20	10Φ18
Φ10@100	Φ10@150	Φ10@100	Φ10@150

四、剪力墙约束边缘构件

剪力墙约束边缘构件(YBZ)有如下四种:约束边缘暗柱如图 2-54a 所示、约束边缘端柱如图 2-54b 所示、约束边缘转角墙如图 2-54c 所示、约束边缘翼墙如图 2-54d 所示。在较小比例的图中,只标注剪力墙约束边缘构件代号及其序号,这时,应辅以表格形式,说明约束边缘构件的内容和要求。

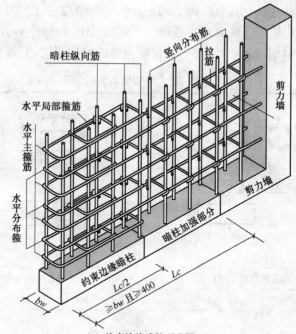

（a）约束边缘暗柱示意图

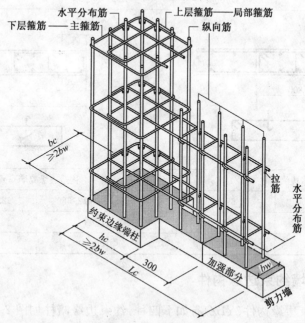

（b）约束边缘端柱示意图

图 2-54　剪力墙约束边缘构件

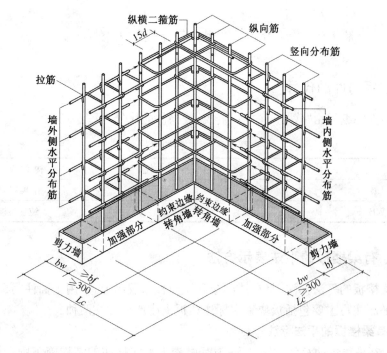

（c）约束边缘转角墙示意图

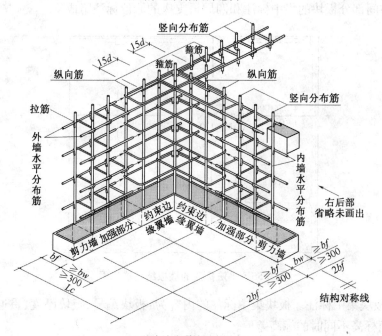

（d）约束边缘翼墙示意图

图2-54　剪力墙约束边缘构件（续）

第五节 板的平法识图

一、板构件的代号

板构件的编号由"代号＋序号"组成,板构件的代号,见表 2-8。

表 2-8 板构件的代号

代 号	构 件 名 称	代 号	构 件 名 称
LB	楼板	YXB	延伸悬挑板
WB	屋面板	XB	纯悬挑板

二、有梁楼板的平法表示方法

有梁楼板的平法标注,是在楼面板和屋面板布置图上,采用平面注写的表达方式。板平面注写主要包括板块集中标注和板支座原位标注两种。

1. 有梁楼板的平法标注

（1）有梁楼板的标注 图 2-55 为有梁楼板平法标注的结构施工图,其钢筋的配置由中间部分板块的集中标注和四周板支座的原位标注组成。

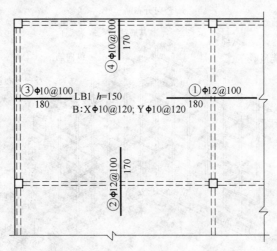

图 2-55 平法标注的楼板结构施工图

① 板块集中标注。板块集中标注的内容为:板块编号、板块厚度、贯通纵筋以及当板面标高不同时的标高差值。

图 2-55 中,中间部分集中注写的是板块的配筋,"LB1 $h = 150$"表示 1 号楼板,板厚为 150mm;"B:Xϕ10@120;Yϕ10@120"中"B"表示板的下部贯通纵筋,"X"

表示贯通纵筋沿横向铺设，"Y"表示贯通纵筋沿纵向铺设。"Xφ10@120"表示板下部配置的贯通纵筋 X 方向（横向）为φ10@120，"Yφ10@120"表示板下部配置的贯通纵筋 Y 方向（竖向）为φ10@120，板上部未配置贯通筋。

若标注为"B：Xφ10/12@100；Yφ10@110"时，则表示板下部配置贯通纵筋 X 向为φ10、φ12 隔一布一①，φ10 与φ20 之间间距为 100，Y 向为φ10@110，板上部未配置贯通筋。若标注为"B：Xc&Ycφ8@200"时，则表示板下部配置构造钢筋双向均为φ8@200。

② 板支座原位标注。板支座原位标注的内容为：板支座上部非贯通纵筋和悬挑板上部受力钢筋。

图 2-55 中，四周注写的是板支座的非贯通纵筋以线段代表支座上部非贯通纵筋，并在线段上方注写纵筋编号、配筋值、横向连续布置的跨数（注写在括号内，一跨可不注）以及是否横向布置到梁的悬挑端。

在线段下方，注写板支座上部的非贯通纵筋自支座中线向跨内伸出的长度；当中间支座上部非贯通纵筋向支座两侧对称伸出时，可只在支座一侧下方注写伸出长度，另一侧不注写；当支座两侧非对称伸出时，应分别在两侧线段下方注写伸出长度。

如图 2-55 所示，①号负筋下方的 180，是指梁的中心线到钢筋端部的距离。换句话说，就是钢筋长度等于两个 180 即 360。但是，请注意，如果梁两侧的数据不一样时，就要把两侧的数据加到一起，才是它的长度。②号负筋和①号负筋一样，只是数据不同。③号负筋位于梁的一侧，它下面标注的 180 就是钢筋的长度。④号负筋和③号负筋一样，只是数据不同。图中负筋没有画直角钩。

图 2-56 为图 2-55 的钢筋布置示意图。图中没有把钢筋全都画出来。每个号的钢筋只画一根或几根。

（2）**走廊过道处楼板的标注**　图 2-57 为走廊过道处楼板的平法标注，图中，板块集中标注时，板下部既有横向贯通筋，又有纵向贯通筋；板上部有横向贯通筋；板支座有非贯通筋跨在一双梁上。

板块集中标注的内容"LB2 $h=100$"表示 2 号楼板，厚度为 100mm；"B：X&Yφ8@150"表示板下部横向贯通筋和纵向贯通筋（X&Y）均为φ8@150；"T：Xφ8@150"表示板上部横向贯通筋为φ8@150。

板支座原位标注的内容"φ10@100"表示支座上部纵向非贯通筋的配筋值为φ10@100，线段及线段右侧的 2 个"180"，表示自支座中线向跨内伸出的长度两侧均为 180mm。

（3）**悬挑板的标注**　如图 2-58 所示的延伸悬挑板，板集中标注的内容有："YXB1

---

① 隔一布一：隔一根支座负筋布置一根板顶筋。非贯通向钢筋的标注间距与贯通纵筋相同，两者组合后的实际间距为各自标注间距的 1/2。当设定贯通纵筋为纵筋总截面面积的 50%时，两种钢筋应取相同直径；当设定贯通纵筋大于或小于总截面面积的 50%时，两种钢筋则取不同直径。

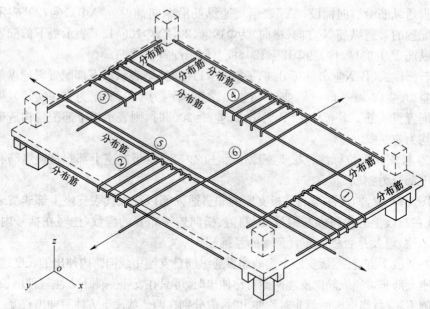

图 2-56　楼板结构施工钢筋布置示意图

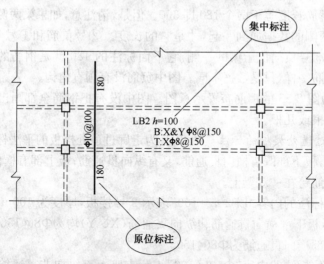

图 2-57　走廊楼板配筋平法标注

$h=80$"表示延伸悬挑板的编号为 1,厚度为 80mm;"B: Xc Φ8@200; Yc Φ8@150"表示悬挑板下部沿 X 方向构造钢筋(Xc)配筋值为Φ8@200,沿 Y 方向构造钢筋(Yc)配筋值为Φ8@150;"T: YΦ8@150"表示悬挑板上部 Y 方向纵筋配值为Φ8@150。

支座原位标注的内容"Φ12@100(3)",表示悬挑板上部受力钢筋的配筋值为Φ12@100,"(3)"为连续 3 跨;线段及线段下的"2000",表示左端自支座中线向跨内伸出 2000mm,右端横向布置到板的悬挑端(图中线段到悬挑板边缘)。

如图 2-59 所示,纯悬挑板的标注和图 2-58 所示的延伸悬挑板的标注基本相同,只是支座原位标注的内容不同。

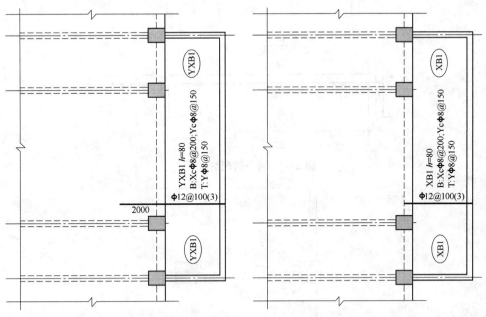

图 2-58　延伸悬挑板的平法标注　　　**图 2-59　纯悬挑板的平法标注**

图 2-60 为剪力墙楼板的多跨下部筋标注,图中楼板配筋的集中标注中,只有板厚和下部贯通纵筋,上部没有配置贯通筋。图 2-61 为图 2-60 板下部配筋截面图。

2. 板内负筋的标注

(1) 板搭在边梁上的负筋的标注　如图 2-62 所示为板搭在边梁上的负筋。图 2-63 所示为板搭在边梁上的负筋截面图。

(2) 板搭在剪力墙上负筋的标注　如图 2-64 所示为板搭在剪力墙上的负筋。图 2-65 所示为板搭在剪力墙上的负筋截面图。

(3) 板跨梁负筋的标注　如图 2-66 所示为板的跨梁负筋。图 2-67 所示为板的跨梁负筋截面图。

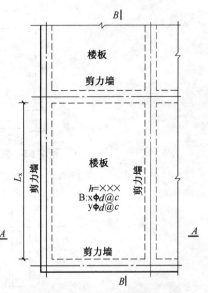

图 2-60　板的多跨下部筋标注

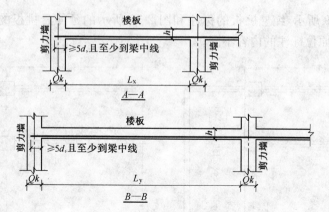

图 2-61 板下部配筋截面图

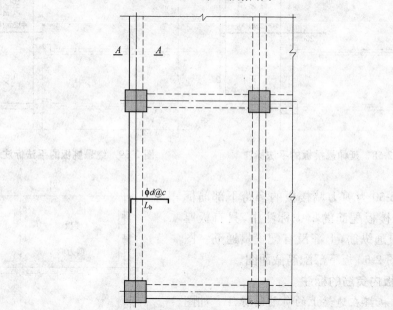

图 2-62 板搭在边梁上的负筋标注

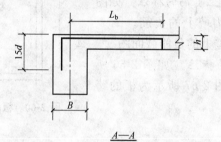

图 2-63 板搭在边梁上的负筋截面图

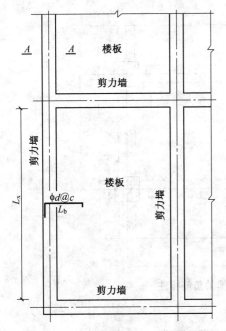

图 2-64 板搭在剪力墙上的负筋标注

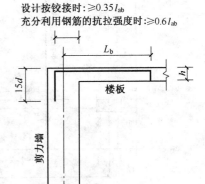

图 2-65 板搭在剪力墙上的负筋截面图

l_{ab}——钢筋基本锚固长度

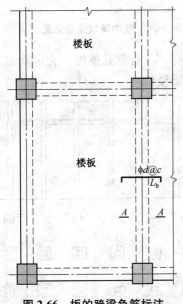

图 2-66 板的跨梁负筋标注

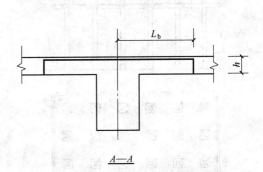

图 2-67 板的跨梁负筋截面图

如图 2-68 所示为板中跨双梁的负筋。图 2-69 所示为图板中跨双梁负筋的截面图。

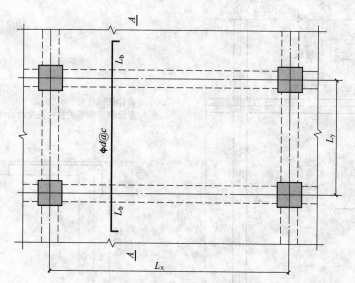

图 2-68　板中跨双梁的负筋标注

三、无梁楼板的平法表示方法

　　无梁楼板就是没有梁的楼板,楼板由戴帽的柱头支撑,四周有小边梁,楼板悬挑出柱子以外一段距离,如图 2-70 所示。图 2-71 与图 2-70 相似,但没有悬

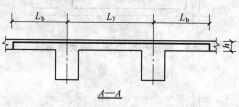

图 2-69　板中跨双梁负筋截面图

挑檐。无梁楼板还有其他形式,如前、后有悬挑檐,左、右有悬挑檐。为了能够看清楚柱帽的几何形状,可通过剖视的方法,表达无梁楼板。

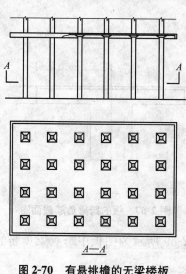

图 2-70　有悬挑檐的无梁楼板

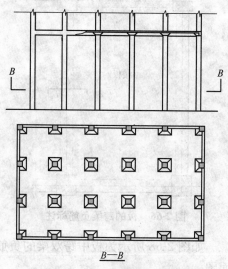

图 2-71　无悬挑檐的无梁楼板

　　无梁楼板平法标注是在楼面板或屋面板布置图上,采用平面注写的表达方式,主要包括板带集中标注和板带支座原位标注两部分。

1. 无梁楼板的板带集中标注

　　无梁楼板集中标注的内容有:柱上板带 X 向贯通筋、柱上板带 Y 向贯通筋、跨中板带 X 向贯通筋、跨中板带 Y 向贯通筋。图 2-72 所示为柱上板带和跨中板带示意图。

　　平法制图中规定板带集中标注的内容有:编号和跨数、板的宽度尺寸、贯通筋的设置位置(B 是设置在板的

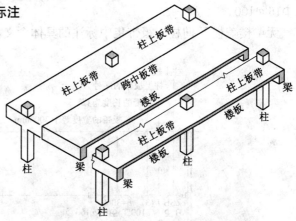

图 2-72　柱上板带和跨中板带示意图

下部,T 是设置在板的上部)、钢筋的规格和数量等。尺寸和构造相同的板带,编成相同的编号。集中标注的内容,尽量注写在左下方的部位(最左跨、最下跨)。

　　(1) 柱上板带 X 向贯通筋的标注

　　图 2-73 中 "B:Φ16@100;T:Φ16@100" 为柱上板带 X 向贯通筋的标注(沿 X 向注

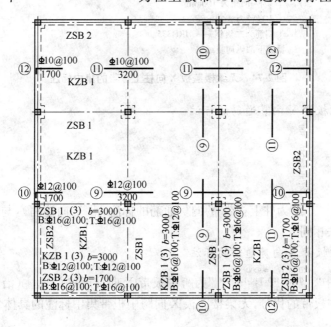

图 2-73　无梁楼板柱上板带与跨中板带的集中标注和原位标注

写)。其中"ZSB"是柱上板带的符号,其后的"1"是柱上板带的序号,"(3)"是指ZSB1 长度为 3 跨,"$b=3000$"是指板宽 3000mm,板下部、板上部配置的贯通筋均为 $\Phi16@100$。

无梁楼盖板 X 向柱上板带集中标注的具体含义,如图 2-74 所示。

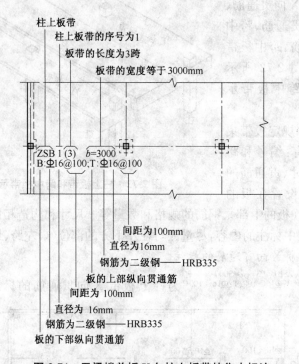

柱上板带

柱上板带的序号为1

板带的长度为3跨

板带的宽度等于3000mm

ZSB 1 (3)　$b=3000$
B:$\Phi16@100$；T:$\Phi16@100$

间距为100mm

直径为16mm

钢筋为二级钢——HRB335

板的上部纵向贯通筋

间距为 100mm

直径为 16mm

钢筋为二级钢——HRB335

板的下部纵向贯通筋

图 2-74 无梁楼盖板 X 向柱上板带的集中标注

(2) 柱上板带 Y 向贯通筋的标注

ZSB 1 (3) $b=3000$
B:$\Phi16@100$;T:$\Phi16@100$

图 2 73 中"ZSB 1 (3) $b=3000$ B:$\Phi16@100$;T:$\Phi16@100$"为柱上板带 Y 向贯通筋的标注(沿 Y 向注写),与沿 X 向贯通筋的标注方法相同。

(3) 跨中板带 X 向贯通筋的标注

图 2-73 中"KZB1 (3) $b=3000$ B:$\Phi12@100$;T:$\Phi12@100$"为跨中板带 X 向贯通筋的标注(沿 X 向注写)。"KZB"是跨中板带的代号,无梁楼盖板 X 向跨中板带集中标注的具体含义,如图 2-75 所示。

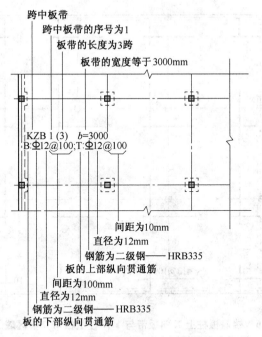

图 2-75　无梁楼盖板 X 向跨中板带的集中标注

（4）跨中板带 Y 向贯通筋的标注

图 2-73 中"KZB 1（3）b=3000 B:Φ16@100;T:Φ12@100"为跨中板带 Y 向贯通筋的标注（沿 Y 向注写），与沿 X 向贯通筋的标注方法相同。

2. 无梁楼板的板带原位标注

（1）X 向柱上板带与 Y 向柱上板带交会区域的标注

图 2-76 为图 2-73 中 X 向柱上板带，与 Y 向柱上板带交会区域的配筋。交会区域为图中分散的小方块区域，可分为三种类型：中间方块、边部扁方块和角部小方块。这三种方块均以原位标注的形式进行配筋的标注，如图 2-73 所示，将配筋的规格和尺寸，写在配筋（粗线）的上、下方；相同编号的配筋只标注一次。

（2）X 向柱上板带与 Y 向跨中板带交会区域的标注

图 2-77 为图 2-73 中 X 向柱上板带与 Y 向跨中板带交会区域的配筋。交会区域为图中分散的小方块区域，可分为两种类型：中间方块和边部扁方块。这两种方块均以原位标注的形式进行配筋的标注，如图 2-73 所示，将配筋的规格和尺寸，写在配筋的上、下方；相同编号的配筋只标注一次。

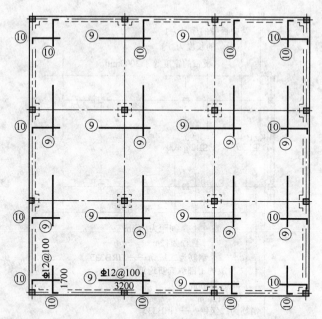

图2-76 楼盖板柱上X向板带与Y向柱上板带交会区域的配筋

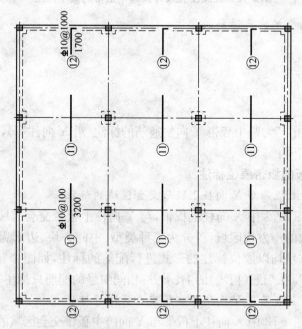

图2-77 X向柱上板带与Y向跨中板带交会区域的配筋

（3）X向跨中板带与Y向柱上板带交会区域的标注

图2-78为图2-73中X向跨中板带与Y向柱上板带交会区域的配筋。交会区

域为图中分散的小方块区域,可分为两种类型:中间方块和边部扁方块。这两种方块均以原位标注的形式进行配筋的标注,如图 2-73 所示,将配筋的规格和尺寸,写在配筋的上、下方;相同编号的配筋,只标注一次。

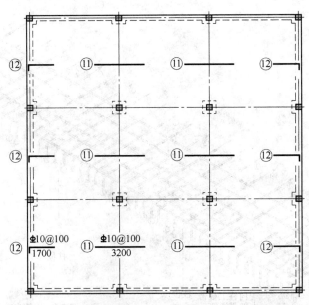

图 2-78 X 向跨中板带与 Y 向柱上板带交会区域的配筋

图 2-79 为局部柱上板带的上部钢筋布置图(包括局部跨中板带上部钢筋),图

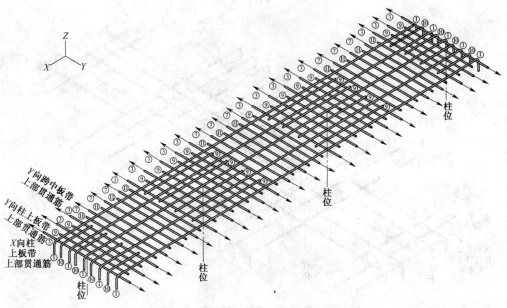

图 2-79 局部柱上板带上部钢筋的布置图

2-80 为局部柱上板带的边部上部钢筋布置图(包括局部跨中板带上部钢筋),图 2-81 为局部柱上板带的下部钢筋布置图,图 2-82 为局部跨中板带的下部钢筋布置图。

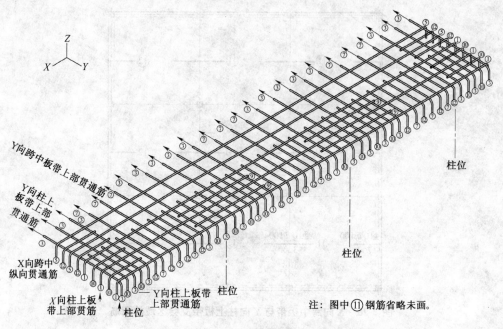

注：图中⑪钢筋省略未画。

图 2-80 局部柱上板带的边部钢筋布置图

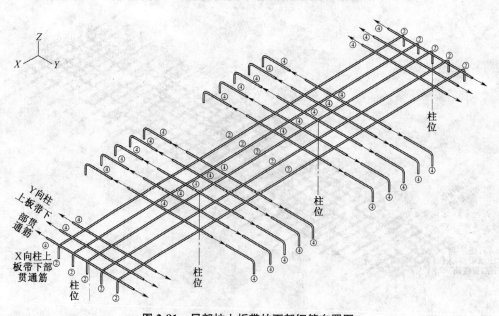

图 2-81 局部柱上板带的下部钢筋布置图

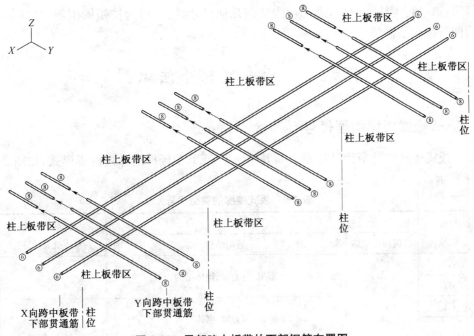

图 2-82　局部跨中板带的下部钢筋布置图

3. 柱帽的集中标注

如图 2-83 所示，柱帽的集中标注是由柱帽的平面图上引出斜线，旁边注有四

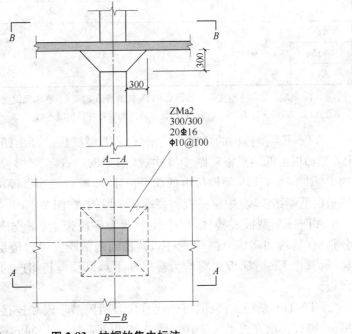

ZMa2
300/300
20Φ16
Φ10@100

图 2-83　柱帽的集中标注

行字:第一行为柱帽编号,第二行为柱帽几何尺寸,第三行为柱帽周围斜、竖向筋,第四行为水平箍筋。

第六节 板式楼梯平法识图

一、板式楼梯类型代号

板式楼梯的类型代号见表2-9,其中 AT~ET 型楼梯的梯板构成形式,如图2-84 所示。

表 2-9 板式楼梯的类型代号

梯板代号	适用范围		是否参与结构整体抗震计算
	抗震构造措施	适用结构	
AT	无	框架、剪力墙、砌体结构	不参与
BT			
CT	无	框架、剪力墙、砌体结构	不参与
DT			
ET	无	框架、剪力墙、砌体结构	不参与
FT			
GT	无	框架结构	不参与
HT		框架、剪力墙、砌体结构	
ATa	有	框架结构	不参与
ATb			不参与
ATc			参与

注:① ATa 低端设滑动支座支承在梯梁上,ATb 低端滑动支座支承在梯梁的挑板上。

② ATa、ATb、ATc 均用于抗震设计,设计者应指定楼梯的抗震等级。

AT~ET 型楼梯的梯板构成形式:AT 型梯板全部由踏步段构成(图 2-84a);BT 型梯板由低端平板和踏步段构成(图 2-84b);CT 型梯板由踏步段和高端平板构成(图 2-84c);DT 型梯板由低端平板、踏步段和高端平板构成(图 2-84d)、ET 型梯板由低端踏步段、中位平板和高端踏步段构成(图 2-84e)。

AT~ET 型板式楼梯,每个代号代表一段带上、下支座的梯板;梯板的两端分别以(低端和高端)梯梁为支座,楼梯间内部既要设置楼层梯梁,也要设置层间梯梁(其中 EF 型梯板两端均为楼层梯梁),以及与其相连的楼层平台板和层间平台板。

FT~HT 型板式楼梯,每个代号代表两跑踏步段和连接其楼层的平板及层间平板,梯板支承方式见表2-10。图 2-85 为 FT 型(有层间和楼层平台板)板式楼梯。

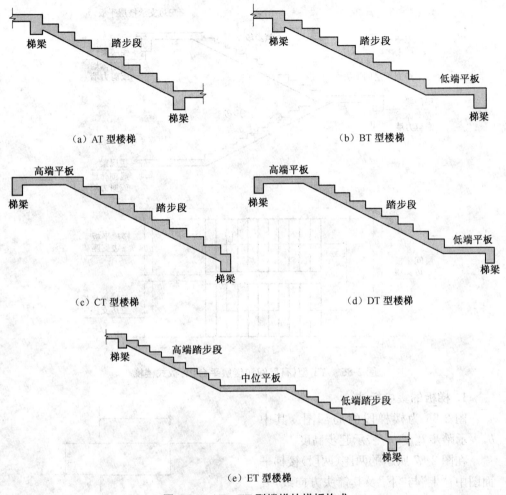

（a）AT 型楼梯

（b）BT 型楼梯

（c）CT 型楼梯

（d）DT 型楼梯

（e）ET 型楼梯

图 2-84 AT～ET 型楼梯的梯板构成

表 2-10 FT～HT 型梯板的支承方式

梯板类型	层间平板端	踏步段端（楼层处）	楼层平板端
FT	三边支承		三边支承
GT	单边支承		三边支承
HT	三边支承	单边支承（梯梁上）	

二、板式楼梯的平法表示方法

现浇板式楼梯平法施工图有平面注写、剖面注写和列列注写三种表达方式，其中平面注写方式较常见。平面注写方式是在楼梯平面布置图上，注写几何尺寸和配筋数值，包括集中标注和原位标注。

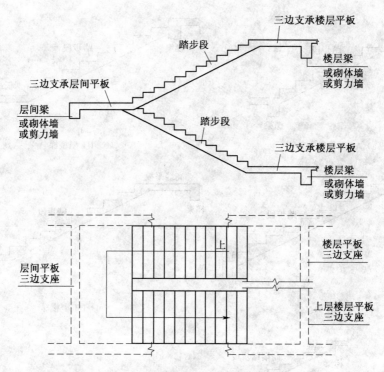

图 2-85 FT 型(有层间和楼层平台板)板式楼梯

1. 梯板的集中标注

图 2-86 为楼梯段的局部图。其中 b_s 表示踏步宽度,h_s 表示起步高度。

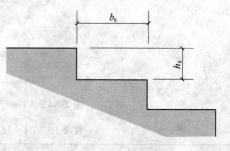

在图 2-87 所示的两跑(两段)楼梯平面图中,"上"与"下"及其箭头方向线,表示上、下梯段的设置位置。

图中集中标注的内容有五个方面:梯板类型代号与序号 AT××;梯板厚度

图 2-86 楼梯局部

h;踏步段总高度 H_s 和踏步级数($m+1$,m 为踏步数),并用"/"分隔;梯板支座上部纵筋和下部纵筋;梯板分布筋。梯板分布筋可直接标注,也可统一说明。

(1) AT 型板式楼梯的集中标注 图 2-88 为 AT 型板式楼梯的集中标注示例。

图 2-89 为 AT 型板式楼梯配筋构造图。当采用 HPB300 光面钢筋时,除梯板上部纵筋的跨内端头做 90°直角弯头外,所有末端应做 180°弯钩;上部纵筋锚固长度 $0.35l_{ab}$ 用于设计按铰接的情况,括号内数据 $0.6l_{ab}$ 用于设计考虑充分发挥钢筋

图 2-87　梯板集中标注的内容

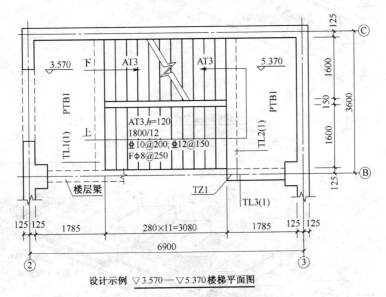

设计示例　▽3.570—▽5.370楼梯平面图

图 2-88　AT 型板式楼梯集中标注示例

抗拉强度的情况,具体工程设计应指明采用何种情况;上部纵筋有条件时可直接伸入平台板内锚固,从支座内边算起总锚固长度不小于 l_a,如图中虚线所示;上部纵筋伸至支座对边再往下弯折。

图 2-90 为 AT 型板式楼梯钢筋分布图。

(2)FT 型板式楼梯的集中标注和原位标注　图 2-91 所示为 FT 型板式楼梯的平法标注。

图中梯板采用集中标注,楼层、层间平板采用原位标注。集中标注的内容为:"FT3"表示梯板代号及其序号;"$h=120$"表示梯板厚度为 120mm;"1900/12"表示踏步段总高度为 1900mm,踏步为 12 级;"$\underline{\Phi}12@120$"表示梯板上部纵向配筋;

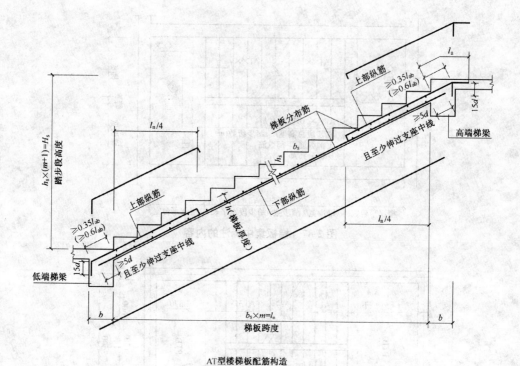

AT型楼梯板配筋构造

图 2-89 AT 型板式楼梯配筋构造图

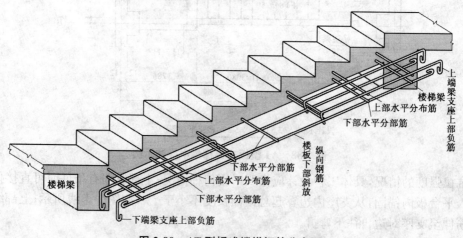

图 2-90 AT 型板式楼梯钢筋分布图

"$\underline{\Phi}$16@150"表示梯板下部纵向配筋;Fϕ10@200 表示梯板分布筋。原位标注的内容为:楼层与层间平板上部配筋(如"$\underline{\Phi}$12@150")与外伸长度(如"850")。当平板上部钢筋贯通配置时,仅需在一侧支座标注,并加贯通二字,另一侧支座可不标注。

2. 平台板的集中标注和原位标注

(1)平台板的集中标注 平台板依据其所处位置不同,分为楼层平台板和层

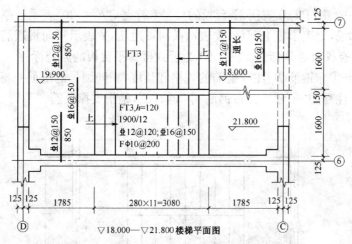

图 2-91　FT 型板式楼梯的平法标注

间平台板,两者的代号均为"PTB"。图 2-92 为层间平台板集中标注,其楼层平台
板和层间平台板的代号及其序号相同,配筋也完全相同。

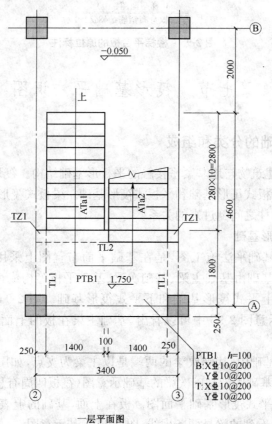

图 2-92　层间平台板集中标注

在图 2-92 中"PTB1"表示平台板的代号和序号,"$h=120$"表示板厚 120mm,B 表示板下部筋,T 表示板上部筋,X 表示横向贯通筋,Y 表示竖向贯通筋。

(2) 平台板的原位标注   图 2-93 为板式楼梯平台板的原位标注。平台板四周的负筋(钢筋①和钢筋②)注有配筋的规格和长度,相同编号的配筋只标注一次;图名横线下方注写的"平台板分布钢筋:Φ8@250",是指支撑负筋。

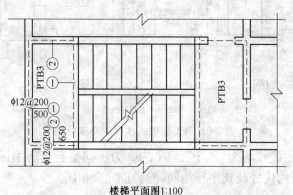

楼梯平面图1:100

平台板分布钢筋: Φ8@250

图 2-93   楼梯平台板的原位标注

第七节   筏形基础平法识图

一、筏形基础的分类和组成

筏形基础是建筑物与地基紧密接触的平板形基础结构。筏形基础根据其构造的不同,又分为梁板式筏形基础和平板式筏形基础。梁板式筏形基础,很像楼板构造中的楼板、梁和柱之间倒过来的关系。

1. 梁板式筏形基础

梁板式筏形基础平法施工图,是在基础平面布置图上采用平面注写方式表达。梁板式筏形基础由基础主梁、基础次梁、基础平板等构成,按平板位置不同,筏形基础又分为上平式筏形基础和下平式筏形基础。图 2-94 为下平式筏形基础平面图,从其示意图 2-95 中可以看出,基础主梁在板的上面,基础主梁交会的地方是柱子。

梁板式筏形基础中,基础次梁的两端是以主梁为支点,如图 2-96 所示。图 2-97 为下平式筏形基础中带基础次梁的基础示意图(筏板四周有悬挑)。

图 2-98 为上平式筏形基础平面图。板在上面,基础的上表面为是平面;梁接触地面,平面图上看到的梁是两条虚线,图 2-99 为其示意图。

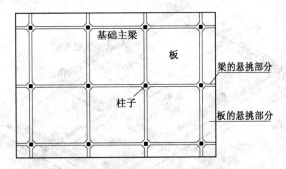

图 2-94 下平式筏形基础平面图

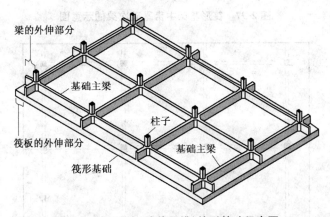

图 2-95 下平式（外伸悬挑）筏形基础示意图

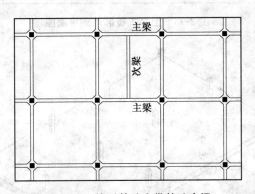

图 2-96 筏形基础中带基础次梁

2. 平板式筏形基础

图 2-100 为平板式筏形基础。平板式筏形基础是没有基础梁的筏形基础，基础的顶面和底面均为平面，图 2-101 为其示意图。

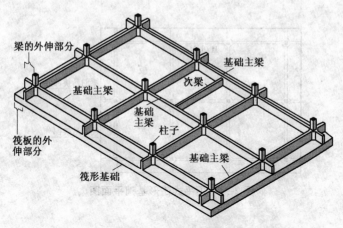

图 2-97　筏形基础中带基础次梁的示意图

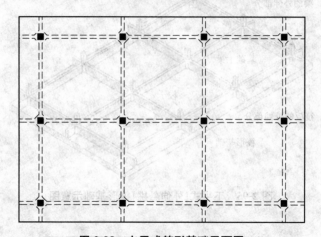

图 2-98　上平式筏形基础平面图

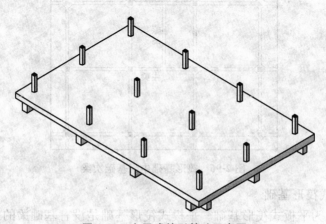

图 2-99　上平式筏形基础示意图

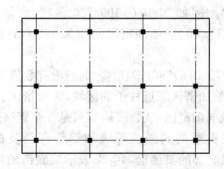

图 2-100 平板式筏形基础平面图

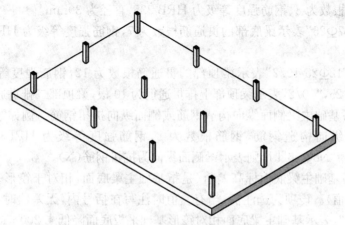

图 2-101 平板式筏形基础示意图

二、筏形基础的基础主梁和基础次梁的平法标注

基础主梁(JZL 或 JL)与基础次梁(JCL)的平面注写,分集中标注和原位标注两部分。集中标注的内容为:基础编号、截面尺寸、配筋这三项必注内容,以及基础梁底面标高高差(相对筏形基础平板底面标高)这一项选注内容。集中标注的位置,在基础主梁的第一跨引出。

1. 基础主梁的集中标注

① 注写基础主梁的代号、序号、跨数、梁宽、梁高及悬臂。例如"JZL8(4)600×900","JZL8"表示基础主梁序号为 8;"(4)"表示基础主梁为 4 跨;"600×900($b×h$)"表示梁宽 600mm,梁高 900 mm。

若为"JZL8(4A)600×900"时,表示基础主梁为 4 跨,梁单侧有悬臂。

若为"JZL8(4B)600×900"时,则表示基础主梁为 4 跨,梁双侧均有悬臂。

当为加腋梁时,用"$b×h$ Y$c_1×c_2$"表示,其中 c_1 为腋长,c_2 为腋高。

② 注写基础主梁箍筋的强度等级、钢筋直径、箍筋间距、箍筋加密区和非加密

区数值及箍筋肢数等。例如"Φ10@100/200（4）"，表示箍筋的强度等级为HRB335、钢筋直径为10mm、箍筋加密区间距为100mm、箍筋非加密区间距为200mm、箍筋肢数为4。

若为"11Φ14@100/200（6）"时，即在"Φ"的前面有数值11，是指箍筋加密区的箍筋数量为11道。箍筋加密区靠近柱子的区域，非加密区为梁中间部分。另外，不论是箍筋的加密区或非加密区，肢数都是6（就是3个钢箍）。

③注写基础主梁贯通筋的强度等级和钢筋直径及根数。例如"B4Φ22；T8Φ30"，B表示位于梁底部的贯通筋，4Φ22表示梁底部的贯通筋根数为4、钢筋强度等级为HRB335、直径为22mm；T表示位于梁顶部的贯通筋，8Φ30表示梁顶部的贯通筋根数为8、钢筋强度等级为HRB335、直径为30mm。

若为"B7Φ25"表示梁底部的贯通筋根数为7，钢筋强度等级为HRB335、直径为25。

若为"T12Φ25 10/2"表示梁顶部的贯通筋根数为12，钢筋强度等级为HRB335、直径为25，"10/2"表示梁顶部上排贯通筋为10根，梁顶部二排贯通筋为2根。

④注写基础主梁侧面纵向构造钢筋或侧面纵向抗扭钢筋。例如"G8Φ16"，G表示梁侧面纵向构造钢筋，钢筋根数为8，钢筋强度等级为HRB335、直径为16mm。若为"N8Φ16"时，则表示梁侧面纵向为抗扭钢筋（N）。

⑤注写基础主梁底面标高差值（是指基础主梁底面，相对于筏形基础平板底面标高的差值）。该项为选注值，当有差值时注写在括号内，无差值时不注。例如"（-4.200）"，表示基础主梁底面相对筏形基础平板底面降低4.200m。

基础主梁的集中标注如图2-102所示。基础主梁代号为4，该梁为5跨，梁宽700mm，高1100mm；箍筋强度等级为HPB235、直径为14mm，间距为150mm，6肢；梁底部贯通筋14根，钢筋强度等级为HRB335、直径为25mm；梁底面标高比基准标高低0.910m。

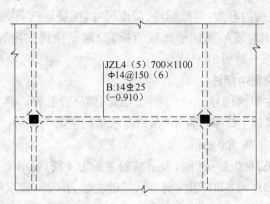

JZL4（5）700×1100
Φ14@150（6）
B:14Φ25
（-0.910）

图2-102 基础主梁的集中标注

2. 基础主梁的原位标注

如图 2-103 所示,基础主梁既有集中标注,又有原位标注。施工时,应优先保证原位标注配筋,即需要优先保证梁的上部贯通筋"14Φ25"、梁的左边支座处下部贯通筋"28Φ25 14/14"。这里"14/14"指下部上排设置 14 根贯通筋,下部下排也设置 14 根贯通筋;两旁支座处下部贯通筋 28Φ25 里,包含集中标注中的 B 14Φ25。

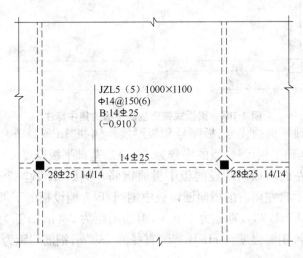

图 2-103 梁板式筏形基础的集中标注和原位标注

3. 基础次梁的集中标注和原位标注

梁板式筏形基础的基础次梁的集中标注和原位标注,与基础主梁的标注相同,只是梁的代号(JCL)不同而已。

三、梁板式筏形基础平板的平法标注

梁板式筏形基础平板(LPB)的平法注写,分板底部与板顶部贯通纵筋的集中标注和板底部附加非贯通纵筋的原位标注两部分。当仅设置贯通纵筋而未设置附加非贯通筋时,则仅做集中标注。

1. 梁板式筏形基础平板的集中标注

梁板式筏形基础平板(LPB)的集中标注,是指板底部与板顶部贯通筋的集中标注,其标注位置应在双向均为第一跨(X 与 Y 双向首跨)的板上引出(图面从左至右为 X 向,从下至上为 Y 向)。

图 2-104 为梁板式筏形基础平板的集中标注形式。

集中标注的内容包括:基础平板的代号、序号和板厚度;基础平板的横向(X 向)贯通筋;基础平板的纵向(Y 向)贯通筋。

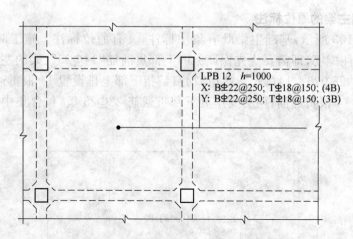

LPB 12 *h*=1000
X: B⚡22@250; T⚡18@150; (4B)
Y: B⚡22@250; T⚡18@150; (3B)

图 2-104 梁板式筏形基础平板的集中标注

① 注写基础平板的代号、板序号和板厚度。例如"LPB 12 *h*＝1000"，LPB 代表梁板式筏形基础平板代号，板的序号为 12，筏形基础平板厚度 *h*＝1000mm。

② 注写自左而右横向铺设的板中贯通钢筋。例如"X：B⚡22@250；T⚡18@150；(3)"，X 表示自左而右的横向铺设板中钢筋，B 为铺设板的下部贯通钢筋的符号，钢筋强度为 HRB 335，直径为 22mm，钢筋间距为 250mm；T 为铺设板的上部贯通钢筋的符号，钢筋强度为 HRB 335，直径为 18mm，钢筋间距为 150mm；(3)表示钢筋贯通 3 跨。

又如"X：B⚡22@250；T⚡18@150；(3A)"，(3A)表示钢筋贯通 3 跨，板单侧有悬挑。

再如"X：B⚡22@250；T⚡18@150；(3B)"，(3B)表示钢筋贯通 3 跨，板双侧有悬挑。

③ 注写沿 Y 轴纵向铺设的板中贯通钢筋。例如"Y：B⚡22@250；T⚡18@150；(3)"，Y 表示沿 Y 轴纵向铺设的板中钢筋，B 表示铺设板的下部贯通钢筋的符号，钢筋强度为 HRB 335，直径为 22mm，钢筋间距为 250mm；T 表示铺设板的上部贯通钢筋的符号，钢筋强度为 2HRB 335，直径为 18mm，钢筋间距为 150mm；(3)表示钢筋贯通 3 跨。

又如"Y：B⚡22@250；T⚡18@150；(3A)"，(3A)表示钢筋贯通 3 跨，板单侧有悬挑。

再如："Y：B⚡22@250；T⚡18@150；(3B)"，(3B)表示钢筋贯通 3 跨，板双侧有悬挑。

2. 梁板式筏形基础平板的原位标注

梁板式筏形基础平板 LPB 原位标注的内容，是板底部附加非贯通筋的配筋值，如图 2-105 所示。

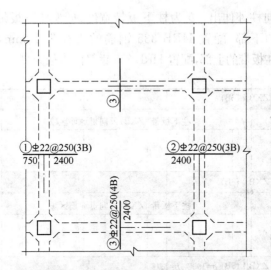

图 2-105 梁板式筏形基础平板底部附加非贯通纵筋的标注

四、平板式筏形基础的平法标注

平板式筏形基础可划分为柱下板带和跨中板带；也可不分板带，按基础平板进行表达。平板式筏形基础的配筋，分为柱下板带（ZXB）、跨中板带（KZB）和平板（BPB）三种标注方式。柱下板带（视为无箍筋的宽扁梁）与跨中板带的平法注写，分板带底部与顶部贯通筋的集中标注与板带底部附加非贯通筋的原位标注两部分内容。

1. 柱下板带的集中标注

图 2-106 为柱下板带示意图。

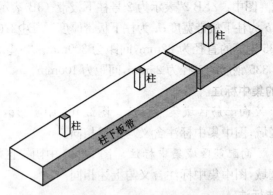

图 2-106 柱下板带示意图

（1）柱下板带（ZXB）X 向区域集中标注 图 2-107 中阴影区域，是柱下板带 X 向贯通筋的配置区域。图中："ZXB 1"表示为 1 号柱下板带；"（3B）"表示板为 3

跨,且其左右两端向柱外伸出。b 为柱下板带宽度;h 为柱下板带厚度。"BΦ22@300"表示在板带的下部,配置 HRB 335 钢筋的直径为 22mm,间距为 300mm;"TΦ25@100"表示在板带的上部,配置 HRB 335 钢筋的直径为 25mm,间距为 100mm。

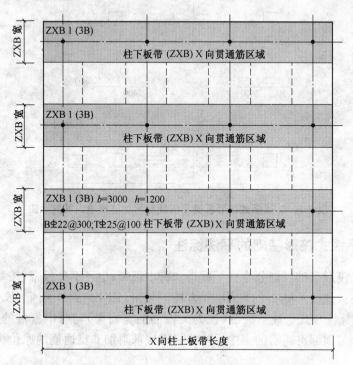

图 2-107 平板式筏形基础柱下板带 X 向贯通筋集中标注

（2）柱下板带（ZXB）Y 向区域集中标注　图 2-108 中阴影区域,是柱下板带 Y 向贯通筋的配置区域。图中:"ZXB 2"表示为 2 号柱下板带;(3B)表示板为 3 跨,且左右两端向柱外伸出。b 为柱下板带宽度;h 为柱下板带厚度。"BΦ22@300"表示在板的下部,配置 HRB 335 钢筋的直径为 22mm,间距为 300mm。"TΦ25@100"表示在板的上部,配置 HRB 335 钢筋的直径为 25mm,间距为 100mm。

2. 跨中板带的集中标注

（1）跨中板带 X 向配筋区域集中标注　图 2-109 中阴影区域,是跨中板带 X 向贯通筋的配置区域,图中集中标注含义与上述相同。

（2）跨中板带 Y 向配筋区域集中标注　图 2-110 中阴影区域,是跨中板带 Y 向贯通筋的配置区域,图中集中标注含义与上述相同。

3. 平板的平法标注

平板式筏形基础(BPB)的平板标注,分板底部与顶部贯通筋的集中标注和板底部附加非贯通筋的原位标注两部分内容。当仅设置底部与顶部贯通筋而未设置底部附加非贯通筋时,则仅做集中标注。

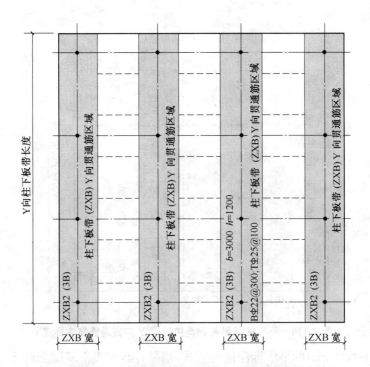

图 2-108 平板式筏形基础柱下板带 Y 向贯通筋集中标注

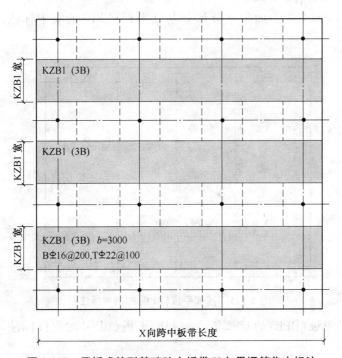

图 2-109 平板式筏形基础跨中板带 X 向贯通筋集中标注

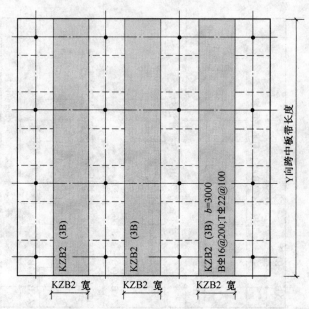

图 2-110 平板式筏形基础跨中板带 Y 向贯通筋集中标注

基础平板(BPB)的平法标注注写方式,当整片板式筏形基础配筋比较规律时,宜采用基础平板的表达方式。

(1)基础平板(BPB)的集中标注 基础平板(BPB)的集中标注,如图 2-111所示。

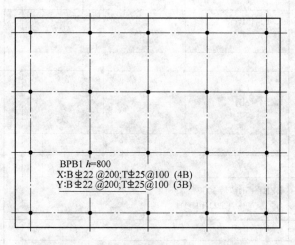

图 2-111 基础平板(BPB)的集中标注

(2)基础平板(BPB)的原位标注 基础平板(BPB)的原位标注,如图 2-112所示。

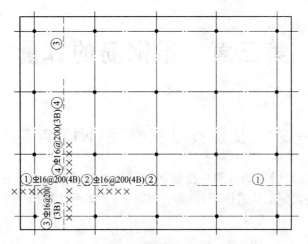

图 2-112 基础平板(BPB)的原位标注

4. 平板式筏形基础具有板带构造的原位标注

平板式筏形基础具有板带构造的原位标注,主要表达横跨柱中心线下的底部附加非贯通筋。如图 2-113 所示,属于原位标注的钢筋,并不把所有的钢筋都画出来。标注时,按类型代表来标注。比如⑨号筋,是沿板带方向的柱下底部负筋,应包括 X 和 Y 两个方向(图 2-113)。⑩号筋和⑨号筋的意义是一样的。

图中的⑪号筋和⑫号筋与⑩号筋和⑨号筋不同,⑪号筋和⑫号筋在 X 向柱下板带中起着分布的作用,借以绑扎固定柱下板带中的贯通筋。

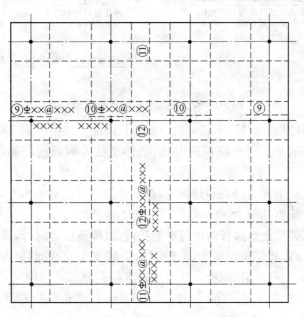

图 2-113 无基础梁的平法原位标注

第三章 梁钢筋的算量

第一节 抗震楼层框架梁(KL)钢筋构造

抗震楼层框架梁钢筋骨架包括纵筋、箍筋、附加吊筋。纵筋包括上部通长筋（或还有架立筋）、侧部构造钢筋、侧部受扭钢筋、下部通长筋、下部附加非通长筋和支座负筋。

一、抗震楼层框架梁上部通长筋构造

1. 抗震框架梁上部通长筋端支座锚固

抗震框架梁上部通长筋端支座锚固构造，如图3-1所示。

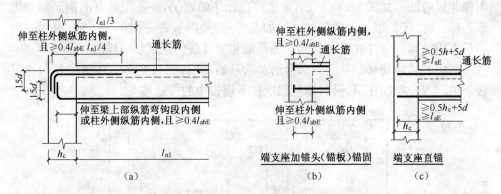

图3-1 梁上部通长筋端支座锚固构造

依据《11G101—1》(第79页)，梁上部通长筋端支座锚固钢筋构造依据如下。

① 梁上部通长筋端支座锚固时，钢筋伸至柱外侧纵筋内侧，且$\geq 0.4l_{abE}$，下弯$15d$。

② 当端支座加锚头(锚板)锚固时，钢筋伸至柱外侧纵筋内侧，且$\geq 0.4l_{abE}$。

③ 当端支座直锚时为$\geq \max(0.5h_c+5d, l_{aE})$。

2. 抗震框架梁上部通长筋中间支座变截面(梁宽度相同)钢筋构造

图3-2为抗震楼层框架梁上部通长筋，中间支座变截面(梁宽度相同)钢筋构造，依据《11G101—1》(第84页)，其构造要点如下。

① 当Δ_h(梁顶高差)$/(h_c-50)>1/6$时，上部通长筋断开，钢筋锚固长度如下：

高位钢筋锚固长度$=h_c-c$(保护层厚度)$+15d$；

低位钢筋锚固长度$=l_{aE}$。

② 当$\Delta_h/(h_c-50)\leqslant1/6$时，上部通长筋斜弯通过。

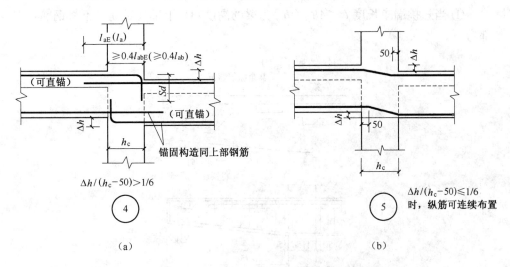

图3-2　梁上部通长筋中间支座变截面构造

3. 抗震框架梁上部通长筋中间支座变截面(梁宽度不同)钢筋构造

抗震框架梁上部通长筋中间支座变截面(梁宽度不同)钢筋构造，如图3-3所示。当支座两边宽度不同或错开布置时，依据《11G101—1》(第84页)，将无法直通的纵筋弯折锚入柱内；当支座两边纵筋不同时，可将多出的纵筋弯折锚入柱内。

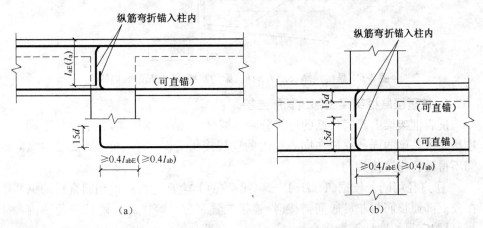

图3-3　梁上部通长筋中间支座变截面(梁宽度不同) 构造

宽出的纵筋锚固长度$=h_c-c+15d$。宽出的钢筋要伸至柱对边柱纵筋内侧。

4. 抗震框架梁悬挑端梁上部通长筋构造

抗震框架梁悬挑端梁上部通长筋构造,如图 3-4 所示,依据《11G101—1》(第89 页),构造要点如下。

① 当悬挑端净长度 $l<4h_b$(h_b 为梁的高度)时,上部通长筋可不将钢筋在端部弯下。

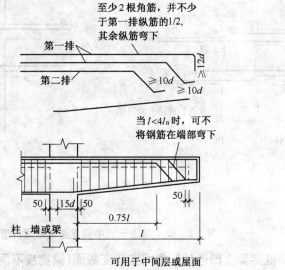

图 3-4 悬挑端净长度 $l<4h_b$(梁的高度)的上部通长纵筋构造

② 当悬挑端净长度 $l \geqslant 4h_b$ 时,上部通长筋悬挑端构造,如图 3-5 所示。图中,角筋伸至远端下弯至梁底;中部钢筋下弯 45°,且平直段长度 $\geqslant 10d$。

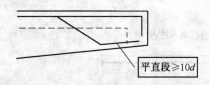

图 3-5 悬挑端净长度 $l \geqslant 4h_b$(梁的高度)的上部通长筋构造

5. 抗震楼层框架梁上部通长筋连接

抗震框架梁上部通长筋的连接分两种情况,一是直径相同,二是直径不同。其连接要求是梁的同一纵筋在同一跨内的连接接头不得多于一个,悬臂梁的纵向钢筋不得设置连接接头。

① 直径相同。依据《11G101—1》(第 79 页),上部通长筋由相同直径的钢筋搭接或上部通长筋与非贯通筋搭接时,连接位置宜位于跨中 1/3 跨长的范围内。注意,只按定尺长度计算接头个数。

② 直径不同。依据《11G101—1》(第 79 页),上部通长筋由不同直径的钢筋搭接或梁上有架立筋与非贯通筋搭接时,其构造如图 3-6 所示。

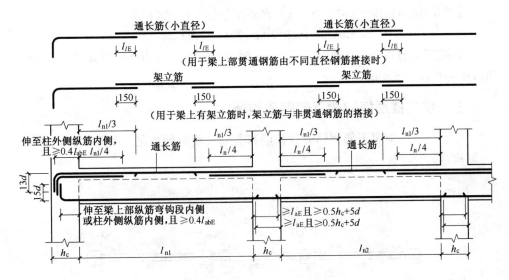

图 3-6　抗震楼层框架梁纵向钢筋构造

二、抗震楼层框架梁侧部钢筋构造

抗震楼层框架梁侧部钢筋构造分为构造钢筋和抗扭钢筋。

1. 构造钢筋

抗震楼层框架梁侧部构造钢筋分为锚固和搭接两种情况,构造钢筋在支座内锚固长度为 $15d$。

2. 抗扭钢筋

抗震框架梁侧部抗扭纵筋的端支座锚固:当支座截面满足直线锚固要求长度时,梁侧部抗扭纵筋伸入支座内的长度为 $\max(l_{aE}, 0.5h_c + 5d)$;当支座截面不能满足直线锚固要求长度时,梁侧部抗扭纵筋伸入支座内的长度水平段 $\geqslant 0.4l_{abE}$ 和 $15d$ 弯折,即 $h_c - c + 15d$。

3. 拉筋

如图 3-7 所示,抗震楼层框架梁拉筋紧靠纵向钢筋并钩住箍筋。

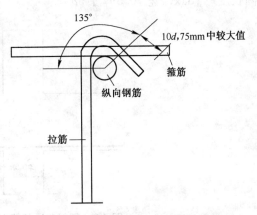

图 3-7　拉筋紧靠纵向钢筋并钩住箍筋

梁侧部拉筋根数=侧部拉筋道数 $n \times [$(梁通跨净长 $l_n - 50 \times 2$)/
箍筋非加密区间距的 2 倍+1]。

梁侧部拉筋长度＝(梁宽b－2×保护层厚度c)＋4d＋2×

$$1.9d + \max(10d, 75\text{mm}) \times 2.$$

梁侧部拉筋直径：当梁宽≤350mm时，拉筋直径为6mm；当梁宽＞350mm时，拉筋直径为8mm。

三、抗震楼层框架梁下部钢筋构造

抗震楼层框架梁下部钢筋有通长筋和非通长筋两种情况。图3-8为下部非通长筋构造。

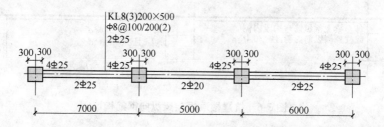

图3-8 抗震楼层框架梁下部非通长筋构造

抗震楼层框架梁下部通长筋锚固与上部通长筋锚固相同。对于下部非通长筋的锚固，分为中间支座锚固、下部不伸入支座钢筋的锚固、悬挑端的锚固三种形式。

1. 中间支座锚固

依据《11G101—1》(第80页)，下部非通长筋中间支座锚固，如图3-9所示，锚固长度＝$\max(l_{aE}, 0.5h_c + 5d)$。

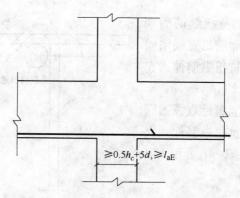

图3-9 下部非通长筋中间支座锚固构造

2. 下部不伸入支座钢筋

抗震楼层框架梁下部不伸入支座钢筋构造，如图3-10所示。依据《11G101—1》(第87页)，下部不伸入支座钢筋端部距支座边0.1l_n(l_n指本跨的净跨长度)，如图3-11所示。

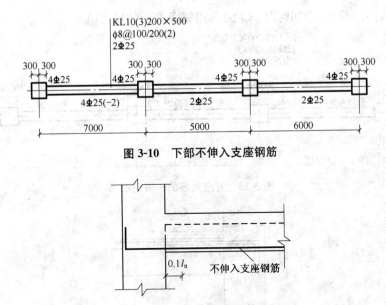

图 3-10 下部不伸入支座钢筋

图 3-11 下部不伸入支座钢筋端部距支座边 0.1l_n

3. 悬挑端下部钢筋

悬挑端下部钢筋构造,如图 3-12 所示,依据《11G101—1》(第 89 页),悬挑端下部钢筋一端伸至悬挑尽端,另一端锚入支座 15d。

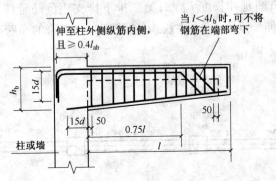

图 3-12 悬挑端下部钢筋一端伸至悬挑尽端另一端锚入支座 15d。

四、抗震楼层框架梁支座负筋构造

1. 支座负筋一般情况

支座负筋的一般情况如图 3-13 所示,依据《11G101—1》(第 79 页),一般情况下支座负筋的锚固长度与上部通长筋端支座锚固相同,弯锚长度为 $h_c - c + 15d$,直锚长度为 $\max(l_{aE}, 0.5h_c + 5d)$。支座负筋的延伸长度(图 3-14)从支座边算起,上排支座负筋延伸长度为 1/3l_n,下排支座负筋延伸长度为 1/4l_n。注意:端跨时,

l_n 为本跨的净跨长;中间跨时,l_n 为两相邻净跨长的最大值。

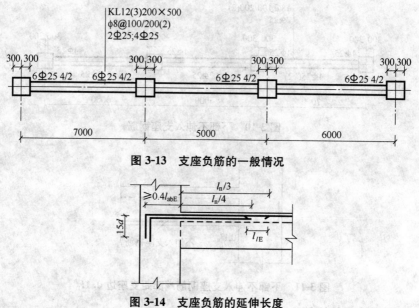

图 3-13   支座负筋的一般情况

图 3-14   支座负筋的延伸长度

2. 三排支座负筋

三排支座负筋如图 3-15 所示,三排支座负筋延伸长度(图 3-16)从支座边起算:第一排支座负筋延伸长度 $l_n/3$;第二排下排支座负筋延伸长度 $l_n/4$;第三排下排支座负筋延伸长度 $l_n/5$。注意:l_n 端跨时,取本跨的净跨长;中间跨时,取两相邻净跨长的较大值。

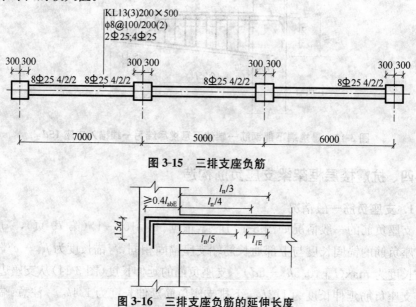

图 3-15   三排支座负筋

图 3-16   三排支座负筋的延伸长度

3. 中间支座两边负筋配筋不同

如图 3-17 所示,中间支座两边负筋配筋不同。依据《11G101—1》(第 84 页),多出的支座负筋在中间支座锚固(图 3-18),锚固长度与上部通长筋端支座锚固长度相同。弯锚时,长度为 $h_c-c+15d$;直锚时,长度为 $\max(l_{aE},0.5h_c+5d)$。

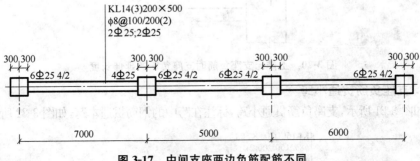

图 3-17　中间支座两边负筋配筋不同

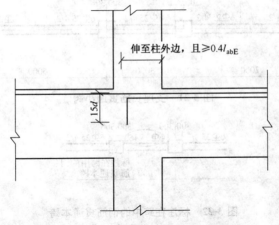

图 3-18　多出的支座负筋在中间支座锚固

4. 上排无支座负筋

如图 3-19 所示,上排无支座负筋。当上排全部是通长筋时,第二排支座负筋的延伸长度取 $l_n/3$,依此类推,如图 3-20 所示。

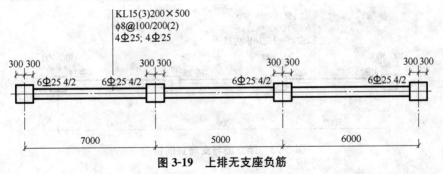

图 3-19　上排无支座负筋

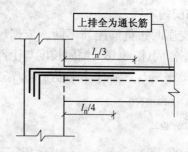

图 3-20   上排无支座负筋时支座负筋的延伸长度

5. 支座负筋贯通小跨

如图 3-21 所示,支座负筋贯通小跨,标注在跨中的钢筋贯通本跨,如图 3-22 所示。

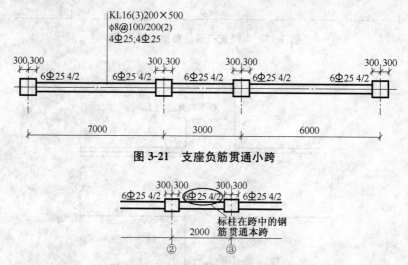

图 3-21   支座负筋贯通小跨

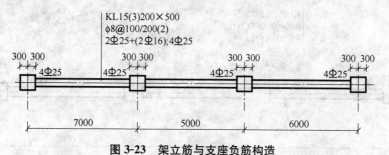

图 3-22   标注在跨中的钢筋贯通本跨

五、抗震楼层框架梁架立筋构造

依据《11G101—1》(第 79 页),抗震楼层框架梁架立筋与支座负筋构造如图 3-23 所示,其搭接量为 150mm,如图 3-24 所示。

图 3-23   架立筋与支座负筋构造

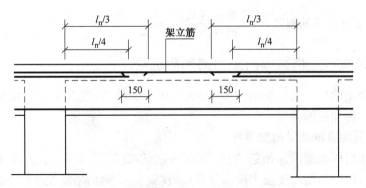

图 3-24 架立筋与支座负筋搭接 150mm

六、抗震楼层框架梁的箍筋

依据《11G101—1》(第 56 页),抗震楼层框架梁封闭箍筋弯钩构造,如图 3-25 所示。

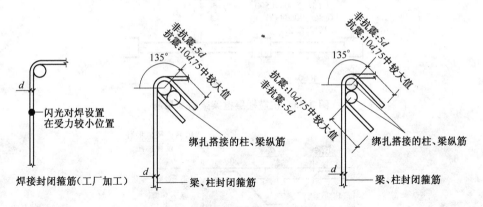

图 3-25 封闭箍筋弯钩构造

1. 箍筋长度

箍筋长度$=2b+2h-8c-1.5d+\max(10d,75\text{mm})\times2$。

(双肢箍长度计算,按箍筋中心线长度计算,见第一章第六节)

2. 箍筋根数

① 依据《11G101—1》(第 85 页),箍筋起步距离为 50mm。

② 箍筋加密区长度。

一级抗震箍筋加密区长度为:$\max(2h_b,500)$(h_b 为梁的高度)。

二~四级抗震箍筋加密区长度为:$\max(1.5h_b,500)$。

③ 加密区箍筋根数$=\dfrac{\text{加密区长度}}{\text{箍筋间距}}+1$

④ 非加密区箍筋根数=$\dfrac{\text{非加密区长度}}{\text{箍筋间距}}-1$。

七、抗震楼层框架梁附加吊筋和附加箍筋

在一个主梁与次梁相交的位置,要么采用附加吊筋,要么采用附加箍筋,也就是说选用一种加强的构造。

1. 抗震楼层框架梁附加吊筋

抗震楼层框架梁附加吊筋构造,如图 3-26 和图 3-27 所示,依据《11G101—1》(第 87 页),附加吊筋高度按主梁高计算(非次梁高),附加吊筋长度按下式计算:

吊筋长度=次梁宽+2×50+2×

(主梁高-2×混凝土保护层厚度)/$\sin\alpha$+2×20d

式中　α——取 45°或 60°。

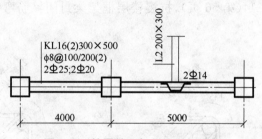

图 3-26　抗震楼层框架梁附加吊筋

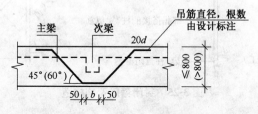

图 3-27　附加吊筋构造

2. 抗震楼层框架梁附加箍筋

如图 3-28 所示,抗震楼层框架梁附加箍筋是在主梁箍筋正常布置的基础上,

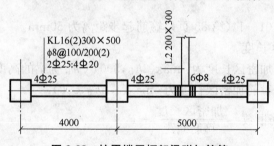

图 3-28　抗震楼层框架梁附加箍筋

另外附加的箍筋,依据《11G101—1》(第 87 页),附加箍筋构造如图 3-29 所示。

附加箍筋的根数=2×[(主梁高−次梁高+次梁宽−50)/附加箍筋间距+1]

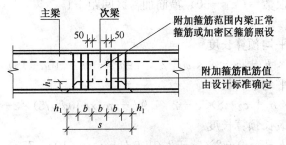

图 3-29　附加箍筋构造

八、加腋框架梁

加腋框架梁构造如图 3-30 所示,依据《11G101—1》(第 83 页),上部纵筋和负筋与框架梁相同;下部纵筋长度=通跨净长(l_n)−2×c_1+2×$l_{aE}(l_a)$。

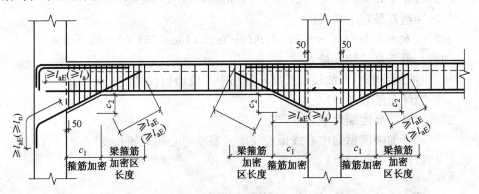

图 3-30　加腋框架梁构造

1. 腋筋的计算长度

边支座腋筋计算长度=$\sqrt{c_1^2+c_2^2}+2\times l_{aE}$

中间支座腋筋计算长度=$2\times\sqrt{c_1^2+c_2^2}+2\times l_{aE}+h_c$

式中　c_1——腋宽;　c_2——腋高;　h_c——支座宽度。

2. 箍筋

①箍筋根数。

一级抗震箍筋根数

=2×[($2h_b$−50)/加密区间距]+(l_n−$4h_b$−$2c_1$)/非加密区间距−1

式中　h_b——梁高;

l_n——取两相邻净跨长的较大值。

二、三级抗震箍筋根数

$=2 \times [(1.5h_b - 50)/$加密区间距$] + (l_n - 3h_b - 2c_1)/$非加密区间距$-1$

加腋区箍筋根数$=(c_1 - 50)/$箍筋加密区间距$+1$

② 箍筋长度。

加腋区箍筋平均预算长度

$=2 \times b + 2 \times h + c_2 - 8 \times c + 2 \times 1.9d + \max(10d, 75) \times 2 + 8d$

加腋区箍筋平均下料长度

$=2 \times b + 2 \times h + c_2 - 8 \times c + 2 \times 1.9d + \max(10d, 75) \times 2 + 8d - 3 \times 1.75d$

加腋区箍筋最长预算长度

$=2 \times (b + h + c_2) - 8 \times c + 2 \times 1.9d + \max(10d, 75) \times 2 + 8d$

加腋区箍筋最长下料长度

$=2 \times (b + h + c_2) - 8 \times c + 2 \times 1.9d +$
$\quad \max(10d, 75) \times 2 + 8d - 3 \times 1.75d$

加腋区箍筋最短预算长度

$=2 \times (b + h) - 8 \times c + 2 \times 1.9d + \max(10d, 75) \times 2 + 8d$

加腋区箍筋最短下料长度

$=2 \times (b + h) - 8 \times c + 2 \times 1.9d + \max(10d, 75) \times 2 + 8d - 3 \times 1.75d$

加腋区箍筋总长缩尺量差

$=($加腋区箍筋中心线最长长度$-$箍筋中心线最短长度$)/$
$\quad$加腋区箍筋数量-1

加腋区箍筋高度缩尺量差

$=0.5 \times ($加腋区箍筋中心线最长长度$-$箍筋中心线最短长度$)/$
$\quad$加腋区箍筋数量-1

第二节 抗震屋面框架梁(WKL)钢筋构造

依据《11G101—1》(第80页),抗震屋面框架梁钢筋构造如图 3-31 所示。

一、抗震屋面框架梁上部纵筋端支座构造

抗震屋面框架梁上部纵筋端支座钢筋锚固构造,有如下两种构造做法。

① 屋面框架梁上部纵筋伸至柱对边下弯时,有两种构造:一是依据《11G101—1》(第80页)下弯至梁底位置,如图 3-32 所示;二是依据《12G901—1》(第 2-23 页)下弯 $1.7l_{abE}$,如图 3-33 所示。

② 屋面框架梁上部纵筋端支座无直锚构造时,均需伸到柱对边下弯。

上述两种构造,根据实际情况进行选用。需要注意的是,无论选择哪种构造,相应的框架柱(KZ)柱顶构造应与之配套。

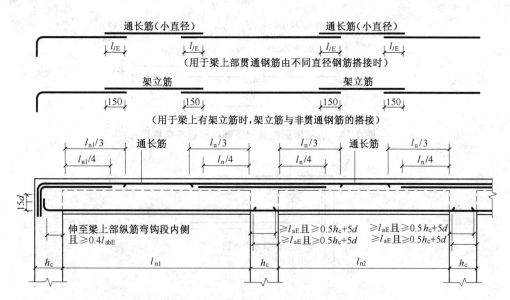

图 3-31　抗震屋面框架梁纵向钢筋构造

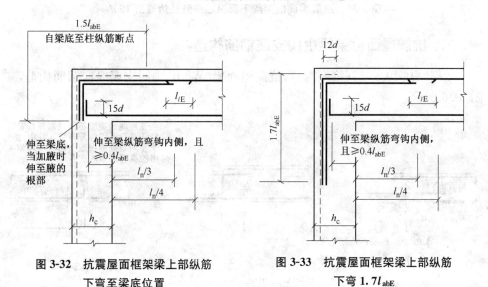

图 3-32　抗震屋面框架梁上部纵筋
下弯至梁底位置

图 3-33　抗震屋面框架梁上部纵筋
下弯 $1.7l_{abE}$

二、抗震屋面框架梁下部纵筋端支座构造

抗震屋面框架梁下部纵筋端支座构造,如图 3-34 所示。依据《11G101—1》(第 80 页),下部纵筋端部支座无直锚时,不管柱宽是否够锚固长度 l_{aE},均伸至柱边弯折 $15d$,如图 3-35 所示。下部纵筋端部支座直锚时,伸入支座长度为 $\max(0.5h_c + 5d, l_{aE})$。下部纵筋端头加锚固板时,伸至梁上部纵筋弯钩段内侧且 $\geqslant 0.4l_{abE}$。

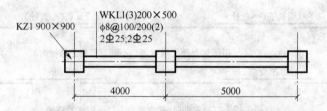

图 3-34 抗震屋面框架梁下部纵筋端支座构造

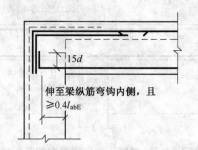

图 3-35 抗震屋面框架梁下部纵筋伸到柱边弯折 15 d

三、抗震屋面框架梁中间支座钢筋构造

依据《11G101—1》(第 84 页),抗震屋面梁(WKL)中间支座纵向钢筋构造,如图 3-36 所示。

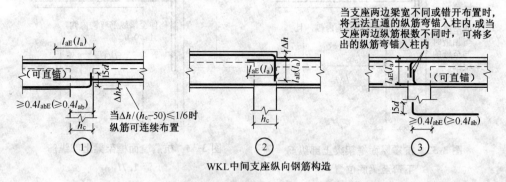

WKL中间支座纵向钢筋构造

图 3-36 抗震屋面梁(WKL)中间支座纵向钢筋构造

当 $\Delta_h /(h_c -50) \leqslant 1/6$ 时,纵筋可弯斜连续布置。

当 $\Delta_h /(h_c -50) > 1/6$ 时,上部通长筋断开,高位钢筋伸至柱纵筋内侧弯锚长度 $> l_{aE}(l_a)$,低位钢筋直锚长度为 $l_{aE}(l_a)$。

当支座两边梁宽不同或错开布置时,将无法直通的纵筋弯折锚入柱内;或当支座两边纵筋根数不同时,可将多出的纵筋弯折锚入柱内。

第三节 非框架梁(L)及井字梁(JZL)钢筋构造

非框架梁(L)及井字梁(JZL)钢筋构造,由上部钢筋(上部通长筋、支座负筋和架立筋)、下部钢筋(下部通长筋、非通长筋)和箍筋组成,如图 3-37 所示(11G1101—1 第 86 页)。

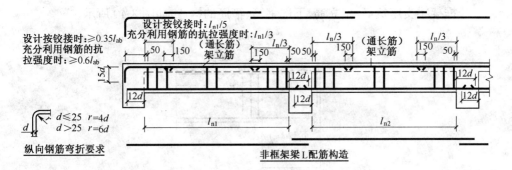

图 3-37 非框架梁(L)配筋构造

一、非框架梁及井字梁上部钢筋构造

①非框架梁端支座锚固长度。依据《11G101—1》(第 86 页),非框架梁上部钢筋伸至主梁外缘纵筋内侧弯折 $15d$,如图 3-38 所示。

②非框架梁中间支座钢筋构造。依据《11G01—1》(第 88 页),非框架梁中间支座构造,如图 3-39 所示。

图 3-38 非框架梁上部钢筋端支座

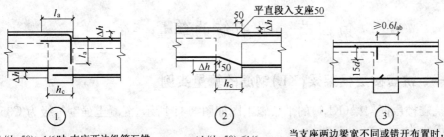

① $\Delta h/(b-50)>1/6$ 时,支座两边纵筋互锚梁下部纵向筋锚固要求见本图集第86页

② $\Delta h/(b-50)\leqslant1/6$ 时,纵筋连续布置

③ 当支座两边梁宽不同或错开布置时,将无法直通的纵筋锚入梁内。或当支座两边纵筋根数不同时,可将多出的纵筋弯锚入梁内梁下部纵筋锚固要求见本图集第86页

非框架梁L中间支座纵向钢筋构造(节点①~③)

图 3-39 非框架梁中间支座构造

当 $\Delta_h / (h_c - 50) > 1/6$ 时,高位钢筋锚固长度为伸至支座对边弯折 l_a;低位钢筋采用直锚,其锚固长度为 l_a。

当 $\Delta_h / (h_c - 50) \leqslant 1/6$ 时,纵筋弯斜连续布置。

当支座两边梁宽不同或错开布置时,将无法直通的纵筋弯锚入梁内,或当支座两边纵筋根数不同时,可将多出的纵筋弯锚入梁内。

二、非框架梁及井字梁负筋、架立筋、下部钢筋、箍筋构造

非框架梁支座负筋、架立筋、下部钢筋、箍筋的构造,如图 3-40 所示。

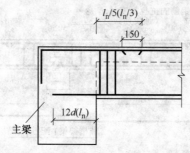

图 3-40　非框架梁支座负筋、架立筋、下部钢筋、箍筋的构造

依据《11G101—1》(第 86 页),钢筋构造要点如下。

① 支座负筋延伸长度。端支座:设计按铰接时,延伸长度为 $l_n/5$;充分利用钢筋的抗拉强度时,延伸长度为 $l_n/3$。中间支座:延伸长度为 $l_n/3$。

② l_n 取值:端支座取本跨净跨长,中间支座取两相邻净跨长的较大值。

③ 架立筋与支座负筋搭接 150mm(弧形梁 l_l)。

④ 下部钢筋锚固:螺纹钢 12d,光圆钢 15d,弧形梁 l_a。

⑤ 箍筋没有加密区,如果端部采用不同间距的箍筋,注明根数。

⑥ 当梁配有受扭纵向钢筋时,梁下部纵筋锚入支座的长度应为 l_a,在端支座直锚长度不足时可弯锚;当梁纵筋兼做温度应力筋时,梁下部钢筋锚入支座的长度由设计确定。

第四节　梁钢筋的算量实例

一、抗震楼层框架梁(KL)钢筋的算量实例

抗震楼层框架梁(KL1)的平法施工图如图 3-41 所示,混凝土强度等级为 C35,抗震等级为三级。

计算参数:依据《11G101—1》(第 54 页),柱保护层厚度 $c = 20$mm,梁保护层厚度 $c = 20$mm;依据《11G101—1》(第 53 页),受拉钢筋抗震锚固长度 $l_{abE} = 34d$;依据《11G101—1》(第 85 页),箍筋起步距离为 50mm。

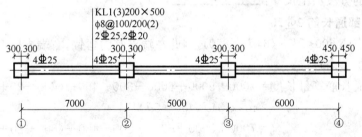

图 3-41 KL1 平法施工图

1. 上部通长筋 2Φ25

判断两端支座锚固方式:左端支座 $600 < l_{abE}(34d = 850)$,因此左端支座内弯锚;右端支座 $900 > l_{aE}$,因此右端支座内直锚。

上部通长筋算量长度

$= 7000 + 5000 + 6000 - 300 - 450 + (600 - 20 + 15d) + \max(34d, 450 + 5d)$

$= 7000 + 5000 + 6000 - 300 - 450 + (600 - 20 + 15 \times 25) +$

$\quad \max(34 \times 25, 450 + 5 \times 25) = 19055 \text{(mm)}$。

钢筋的分段加工尺寸:375 $\lceil$ 18680

接头个数 $= 19055/9000 - 1 = 2$(个)(只计算接头个数,不考虑实际连接位置,小数值均向上进位)。

2. 支座负筋

(1)支座 1 负筋 2Φ25 左端支座锚固同上部通长筋;跨内延伸长度 $l_n/3$。

l_n:端支座,取该跨净跨值;中间支座,取两相邻净跨长的较大值。

支座 1 负筋算量长度 $= 600 - 20 + 15d + (7000 - 600)/3$

$= 600 - 20 + 15 \times 25 + (7000 - 600)/3 = 3088 \text{(mm)}$。

钢筋的分段加工尺寸:375 $\lceil$ 2713

(2)支座 2 负筋 2Φ25 支座 2 负筋长度为中间支座两端延伸长度之和。

支座 2 负筋算量长度 $= 2 \times (7000 - 600)/3 + 600 = 4867 \text{(mm)}$。

钢筋的分段加工尺寸: 4867

(3)支座 3 负筋 2Φ25 支座 3 负筋长度为中间支座两端延伸长度之和。

支座 3 负筋算量长度 $= 2 \times (6000 - 750)/3 + 600 = 4100 \text{(mm)}$。

钢筋的分段加工尺寸: 4100

(4)支座 4 负筋 2Φ25 支座 4 负筋右端支座锚固同上部通长筋,跨内延伸长度为 $l_n/3$。

支座 4 负筋算量长度 $= \max(34 \times 25, 450 + 5 \times 25) + (6000 - 750)/3 = 2600 \text{(mm)}$。

钢筋的分段加工尺寸：　2600

3. 下部通长筋 2Φ20

左端支座 $600 < l_{aE}$（$34d = 850$），因此左端支座内弯锚；右端支座 $900 > l_{aE}$，因此右端支座内直锚。

$$下部通长筋算量长度 = 7000 + 5000 + 6000 - 300 - 450 + (600 - 20 + 15d) + \max(34d, 450 + 5d)$$
$$= 7000 + 5000 + 6000 - 300 - 450 + (600 - 20 + 15 \times 20) + \max(34 \times 20, 450 + 5 \times 20) = 18810(\text{mm})。$$

钢筋的分段加工尺寸：300 ⌐‾‾‾‾‾‾18510‾‾‾‾‾‾

接头个数 $= 18810/9000 - 1 = 2$（个）。

4. 箍筋长度和根数

（1）箍筋长度　双肢箍长度计算公式：

肢箍计算长度 $= 2b + 2h - 8c - 1.5d + \max(10d, 75) \times 2$

箍筋长度 $= 2 \times 200 + 2 \times 500 - 8 \times 25 - 1.5 \times 8 + 20 \times 8 = 1348(\text{mm})$。

钢筋的分段加工尺寸：

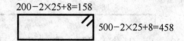

$200 - 2 \times 25 + 8 = 158$
$500 - 2 \times 25 + 8 = 458$

（2）箍筋根数　一级抗震箍筋加密区长度 $\max(2h_b, 500)$ mm；二～四级抗震箍筋加密区长度 $\max(1.5h_b, 500)$ mm。

箍筋加密区长度 $= 2 \times 500 = 1000(\text{mm})$。

① 第一跨箍筋根数。

加密区根数 $= (1000 - 50)/100 + 1 = 11$（根），合计 $11 \times 2 = 22$（根）。

非加密区根数 $= [7000 - 600 - (1000 + 50) \times 2]/200 - 1 = 21$（根）。

第一跨 $= 22 + 21 = 43$（根）。

② 第二跨箍筋根数。

加密区根数 $= (1000 - 50)/100 + 1 = 11$（根），合计 $11 \times 2 = 22$（根）。

非加密区根数 $= [5000 - 600 - (1000 + 50) \times 2]/200 - 1 = 11$（根）。

第二跨 $= 22 + 11 = 33$（根）。

③ 第三跨箍筋根数。

加密区根数 $= (1000 - 50)/100 + 1 = 11$（根），合计 $11 \times 2 = 22$（根）。

非加密区根数 $= [6000 - 750 - (1000 + 50) \times 2]/200 - 1 = 15$（根）。

第三跨 $= 22 + 15 = 37$（根）。

总根数 $= 43 + 33 + 37 = 113$（根）。

二、抗震屋面框架梁(WKL)钢筋的算量实例

抗震屋面框架梁(WKL1)的平法施工图如图 3-42 所示,混凝土强度等级为 C35,抗震等级为三级。

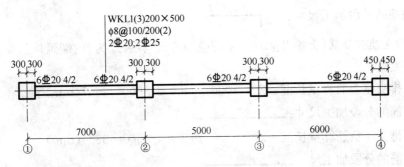

图 3-42　WKL1 平法施工图

计算参数:依据《11G101—1》(第 54 页),柱保护层厚度 $c=20\text{mm}$,梁保护层厚度 $=25\text{mm}$;依据《11G101—1》(第 53 页),受拉钢筋抗震锚固长度 $l_{abE}=34d$;依据《11G101—1》(第 85 页),箍筋起步距离为 50mm。

双肢箍长度计算公式为:$2b+2h-8c-1.5d+\max(10d,75\text{mm})\times 2$,依据《12G901—1》(第 2-23 页)锚固方式采用"梁包柱"锚固方式。

1. 上部通长筋 2⚍20

按梁包柱锚固方式,两端均伸至端部下弯 $1.7l_{abE}$。

$$上部通长筋算量长度 =7000+5000+6000+300+450-20\times 2+2\times 1.7l_{abE}$$
$$=7000+5000+6000+300+450-20\times 2+2\times 1.7\times$$
$$34\times 20=21022(\text{mm})。$$

接头个数 $=21022/9000-1=2$(个)(只计算接头个数,不考虑实际连接位置,小数值均向上进位)。

钢筋的分段加工尺寸: 1156 ⌐ 17810 ⌐ 1156

2. 支座负筋

(1)支座 1 负筋(上排 2⚍20、下排 2⚍20)　左端支座锚固同上部通长筋;跨内延伸长度:上排 $l_n/3$;下排 $l_n/4l_n$。端支座,取该跨净跨值;中间支座,取两相邻净跨长的较大值。

$$上排支座负筋长度 =1.7l_{abE}+(7000-600)/3+600-20$$
$$=1.7\times 34\times 20+(7000-600)/3+600-20=3869(\text{mm})。$$

钢筋的分段加工尺寸:

$$\underset{1156}{\overline{}}\overline{\overset{2713}{}}$$

下排支座负筋算量长度＝$1.7l_{abE}$＋(7000－600)/4＋600－20

$\qquad\qquad$＝$1.7\times34\times20$＋(7000－600)/4＋600－20＝3336(mm)。

钢筋的分段加工尺寸：$\underset{1156}{\overline{}}\overline{\overset{2180}{}}$

(2)支座 2 负筋(上排 2Φ20、下排 2Φ20)　计算公式为:两端延伸长度＋中间支座宽度。

上排支座负筋算量长度＝$2\times$(7000－600)/3＋600＝4867(mm)。

钢筋的分段加工尺寸：$\overline{\overset{4867}{}}$

下排支座负筋算量长度＝$2\times$(7000－600)/4＋600＝3800(mm)

钢筋的分段加工尺寸：$\overline{\overset{3800}{}}$

(3)支座 3 负筋(上排 2Φ20、下排 2Φ20)　计算公式为:两端延伸长度＋中间支座宽度。

上排支座负筋算量长度＝$2\times$(6000－600)/3＋600＝4200(mm)。

钢筋的分段加工尺寸：$\overline{\overset{4200}{}}$

下排支座负筋算量长度＝$2\times$(6000－600)/4＋600＝3300(mm)。

钢筋的分段加工尺寸：$\overline{\overset{3300}{}}$

(4)支座 4 负筋(上排 2Φ20、下排 2Φ20)　右端支座锚固同上部通长筋;跨内延伸长度:上排 $l_n/3$,下排 $l_n/4$。

上排支座负筋算量长度＝$1.7l_{abE}$＋(6000－750)/3＋900－20

$\qquad\qquad$＝$1.7\times34\times20$＋(6000－750)/3＋900－20＝3786(mm)。

钢筋的分段加工尺寸：$\overline{\overset{2630}{}}\underset{1156}{\overline{}}$

下排支座负筋算量长度＝$1.7l_{abE}$＋(6000－750)/4＋900－20

$\qquad\qquad$＝$1.7\times34\times20$＋(6000－750)/4＋900－20＝3349(mm)。

钢筋的分段加工尺寸：$\overline{\overset{2193}{}}\underset{1156}{\overline{}}$

3. 下部通长筋(4Φ25)

两端支座锚固:伸到对边弯折 $15d$。

下部通长筋算量长度＝7000＋5000＋6000＋300＋450－2×20＋$2\times15d$

$\qquad\qquad$＝7000＋5000＋6000＋300＋450－2×20＋$2\times15\times25$

$\qquad\qquad$＝19460(mm)。

接头个数＝19460/9000－1＝2(个)。

钢筋的分段加工尺寸：375 ├─── 18710 ───┤ 375

4. 箍筋长度根数

（1）箍筋长度（4 肢箍）

双肢箍长度计算公式为：$2b + 2h - 8c - 1.5d + \max(10d, 75) \times 2$

外大箍筋长度 $= 2 \times 200 + 2 \times 500 - 8 \times 25 - 1.5 \times 8 + 20 \times 8 = 1348$（mm）。

里小箍筋长度 $= 2b' + 2h - 4c - 1.5d + \max(10d, 75) \times 2$

$$= 2 \times [(200-50)/3 + 25 + 8] + 2 \times 500 - 4 \times 25 - 1.5 \times$$
$$8 + 20 \times 8 = 1214 (\text{mm})。$$

式中，b' 为中间小箍筋宽度，为 $(200-50)/3 + 25 + 8$，箍住中间两根纵筋。

钢筋的分段加工尺寸：

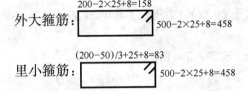

外大箍筋：$200 - 2 \times 25 + 8 = 158$ 　 $500 - 2 \times 25 + 8 = 458$

里小箍筋：$(200-50)/3 + 25 + 8 = 83$ 　 $500 - 2 \times 25 + 8 = 458$

（2）箍筋根数　一级抗震箍筋加密区长度 $\max(2h_b, 500)$ mm；二～四级抗震箍筋加密区长度 $\max(1.5h_b, 500)$ mm。

箍筋加密区长度 $= 2 \times 500 = 1000$（mm）（一级抗震箍筋加密区为 2 倍梁高）。

① 第一跨箍筋根数。

加密区根数 $= (1000-50)/100 + 1 = 11$（根），合计 $11 \times 2 = 22$（根）。

非加密区根数 $= [7000 - 600 - (1000+50) \times 2]/200 - 1 = 21$（根）。

第一跨 $= 22 + 21 = 43$（根）。

② 第二跨箍筋根数。

加密区根数 $= (1000-50)/100 + 1 = 11$（根），合计 $11 \times 2 = 22$（根）。

非加密区根数 $= [5000 - 600 - (1000+50) \times 2]/200 - 1 = 11$（根）。

第二跨 $= 22 + 11 = 33$（根）。

③ 第三跨箍筋根数。

加密区根数 $= (1000-50)/100 + 1 = 11$（根），合计 $11 \times 2 = 22$（根）。

非加密区根数 $= [6000 - 750 - (1000+50) \times 2]/200 - 1 = 16$（根）。

第三跨 $= 22 + 16 = 38$（根）。

总根数 $= 43 + 33 + 38 = 114$（根）（外大箍筋、里小箍筋各 114 根）。

三、非框架梁（L）钢筋算量实例

非框架梁（L1）的平法施工图如图 3-43 所示，混凝土强度等级为 C25。

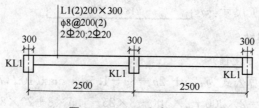

图 3-43　L1 平法施工图

计算参数:依据《11G101—1》(第 54 页),梁混凝土保护层厚度 $c=20$mm;依据《11G101—1》(第 53 页),受拉钢筋的锚固长度 $l_{ab}=33d$;依据《11G101—1》(第 85 页),箍筋起步距离为 50mm;双肢箍筋长度计算公式为:$2b+2h-8c-1.5d+\max(5d,75$mm$)\times2$。

1. 上部钢筋(2Φ20)

两端支座锚固,依据《11G01—1》(第 86 页),两端支座 $300<l_{aE}$($l_{ab}=33d=660$)伸至主梁外边弯折 $15d$。

上部钢筋算量长度 $=5000+300-2\times20+2\times15d$

$=5000+300-2\times20+2\times15\times20=5860$(mm)。

钢筋的分段加工尺寸: 300 | 5260 | 300

2. 下部钢筋(2Φ20)

依据《11G01—1》(第 86 页),两端支座直锚 $12d$。

下部钢筋算量长度 $=5000-300+2\times12d=5000-300+2\times12\times20=5180$(mm)。

钢筋的分段加工尺寸: 5180

3. 箍筋长度和根数(双肢箍)

双肢箍长度计算公式:$2b+2h-8c-1.5d+\max(5d,75)\times2$

箍筋算量长度 $=2\times200+2\times300-8\times25-1.5\times8+10\times8=868$(mm)。

钢筋的分段加工尺寸: 200−2×25+8=158 / 300−2×25+8=258

第一跨根数 $=(2500-300-20\times2)/200+1=12$(根)。

第二跨根数 $=(2500-300-20\times2)/200+1=12$(根)。

第四章 柱钢筋的算量

第一节 基础内柱插筋构造

基础内柱插筋由基础内长度、伸出基础非连接区高度、错开连接高度三大部分组成。柱插筋底部弯折长度 a，根据《11G101—3》(第 59 页)，插筋在基础竖直方向的长度确定，见表 4-1 及图 4-1 所示。

表 4-1 柱插筋底部弯折长度 a

基础厚度 h_j（mm）	柱插筋底部弯折长度 a（mm）
$h_j > l_{aE}(l_a)$	$\max(6d，150)$
$h_j \leqslant l_{aE}(l_a)$	$15d$

一、独立基础、条形基础、承台内内插筋构造

1. 当基础高度 $h_j > l_{aE}$（ l_a ）时插筋构造

如图 4-2 所示，当基础高度 $h_j > l_{aE}$（ l_a ）时，独立基础、条形基础、承台内柱插筋的造要点如下。

① 依据《11G101—3》(第 59 页)，柱插筋伸到基础底部弯折长度 $a = \max(6d,150)$。

② 依据《11G101—3》(第 59 页)，当柱为轴心受压或小偏心受压，独立基础、条形基础高度不小于 1200mm 时，或当柱为大偏心受压，独立基础、条形基础高度不小于 1400mm 时，可仅将柱四角插筋伸至底板钢筋网上(伸至底板钢筋网上的柱插筋之间的间距应不大于 1000mm)，其他钢筋满足锚固长度 l_{aE}（ l_a ）即可。

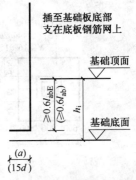

插至基础板底部
支在底板钢筋网上

图 4-1 插筋伸至基础底部弯折

③ 依据《11G101—1》(第 58 页)，伸出基础顶面非连接区高度为 $\max(h_n/6, h_c, 500)$（ h_c 为柱的长边尺寸， $h_n =$ 层高－顶梁高)，如图 4-3 所示。

④ 依据《11G101—1》(第 57 页)，当嵌固部位在基础顶面以上时，嵌固部位以上非连接区高度为 $h_n/3$。

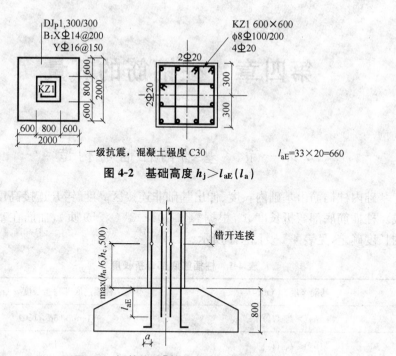

图 4-2 基础高度 $h_j > l_{aE}(l_a)$

图 4-3 插筋构造[基础高度 $h_j > l_{aE}(l_a)$]

2. 当基础高度 $h_j \leqslant l_{aE}(l_a)$ 时插筋构造

如图 4-4 所示,当基础高度 $h_j \leqslant l_{aE}$(l_a)时,独立基础、条形基础、承台内柱插筋的构造要点如下。

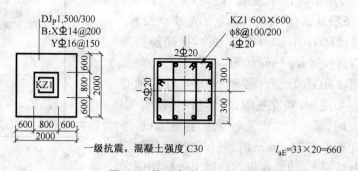

图 4-4 基础高度 $\leqslant l_{aE}(l_a)$

① 依据《11G101—3》(第 59 页),柱插筋伸到基础底部弯折 $a = 15d$。

② 依据《11G101—1》(第 58 页),伸出基础顶面非连接区高度为 $\max(h_n/6,$ h_c,500),如图 4-5 所示。

③ 依据《11G101—1》(第 57 页),当嵌固部位在基础顶面以上时,嵌固部位以上非连接区高度为 $h_n/3$。

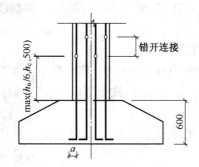

图 4-5　插筋构造[基础高度$\geqslant l_{aE}$（l_a）]

二、筏形基础内柱插筋构造

1. 基础主梁内柱插筋构造

图 4-6 为基础主梁内柱插筋构造，其构造要点如下。

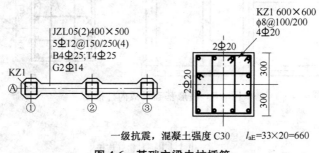

一级抗震，混凝土强度 C30　　$l_{aE}=33\times20=660$

图 4-6　基础主梁内柱插筋

① 依据《11G101—3》（第 58 页），柱全部纵筋伸到基础底部弯折 a，见表 4-1及图 4-7 所示。

② 依据《11G101—1》（第 58 页），伸出基础顶面非连接区高度为 $\max(h_n/6,$ h_c,500)，如图 4-7 所示。

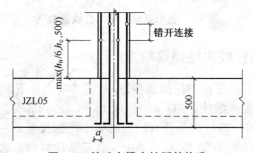

图 4-7　基础主梁内柱插筋构造

③ 依据《11G101—1》(第 57 页),当嵌固部位在基础顶面以上时,嵌固部位以上非连接区高度为 $h_n/3$。

2. 筏形基础平板内柱插筋构造

图 4-8 为筏形基础平板内柱插筋构造,其构造要点如下。

① 依据《11G101—3》(第 59 页),柱全部纵筋伸到基础底部弯折 a 见表 4-1 及图 4-9 所示。

② 依据《11G101—1》(第 58 页),伸出基础顶面非连接区高度为 max($h_n/6$, h_c,500),如图 4-9 所示。

③ 依据《11G101—1》(第 57 页),当嵌固部位在基础顶面以上时,嵌固部位以上非连接区高度为 $h_n/3$。

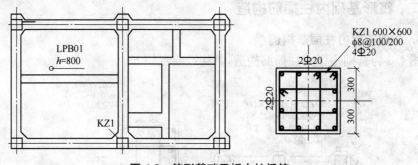

图 4-8 筏形基础平板内柱插筋

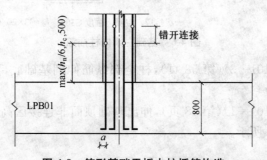

图 4-9 筏形基础平板内柱插筋构造

三、大直径灌注桩内柱插筋构造

图 4-10 为大直径灌注桩内柱插筋构造,其构造要点如下。

① 柱全部纵筋伸入灌注桩内,锚固长度 max(l_{aE},35d)。

② 依据《11G101—3》(第 59 页),柱插筋底部弯折长度 $a = $ max(6d,150)。

③ 依据《11G101—1》(第 58 页),伸出大直径灌注桩顶面非连接区高度为 max($h_n/6$,h_c,500)。

④ 依据《11G101—1》(第 57 页),当嵌固部位在大直径灌注桩顶面以上时,非

连接区高度为 $h_n/3$。

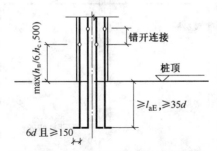

图 4-10　大直径灌注桩内柱插筋构造

四、芯柱插筋构造

图 4-11 为芯柱插筋构造,其构造要点如下。

① 芯柱纵筋伸入基础内 l_{aE},如图 4-12 所示。

② 依据《11G101—1》(第 58 页),伸出基础顶面非连接区高度为 $\max(h_n/6,$ h_c,500)。

③ 依据《11G101—1》(第 57 页),当嵌固部位在基础顶面以上时,非连接区高度为 $h_n/3$。

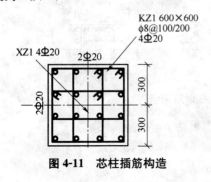

图 4-11　芯柱插筋构造

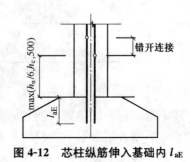

图 4-12　芯柱纵筋伸入基础内 l_{aE}

第二节　框架柱(KZ)钢筋构造

一、地下室框架柱钢筋构造

地下室框架柱是指地下室内的框架柱,如图 4-13 所示,图 4-14 为地下室框架柱钢筋构造。

图 4-15 为上部结构嵌固部位在地下室顶面时的地下室框架柱钢筋构造。依据《11G101—1》(第 58 页),钢筋构造要点如下。

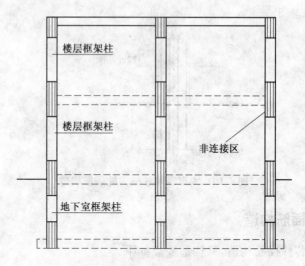

图 4-13 地下室框架柱示意图

层号	顶标高	层高	顶梁高
2	7.2	3.6	700
1	3.6	3.6	700
−1	±0.00	4.2	700
−2	−4.2	4.2	700
基础	−8.4	基础厚800	—

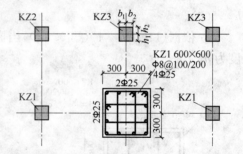

图 4-14 地下室框架柱钢筋构造

① 上部结构嵌固位置,柱纵筋非连接区高度为 $h_n/3$。

② 地下室各层纵筋非连接区高度为 $\max(h_n/6, h_c, 500)$。

③ 基础顶面非连接区高度为 $\max(h_n/6, h_c, 500)$。

二、中间层框架柱钢筋构造

1. 楼层中框架柱纵筋基本构造

图 4-16 为楼层中框架柱纵筋基本构造,依据《11G101—1》(第 57 页),钢筋构造要点如下。

① 低位钢筋长度＝本层层高－本层下端非连接区高度＋
伸入上层的非连接区高度。

② 高位钢筋长度＝本层层高－本层下端非连接区高度－错开接头高度＋
伸入上层非连接区高度＋错开接头高度。

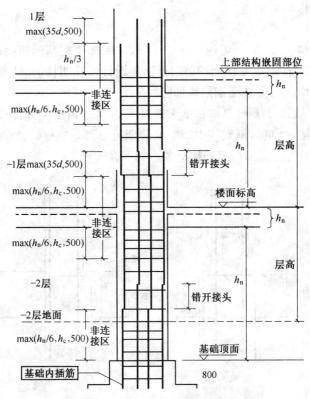

图 4-15　地下室框架柱钢筋构造

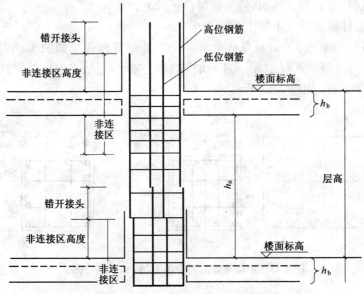

图 4-16　楼层中框架柱纵筋基本构造

③ 非连接区高度取值。

a. 楼层中:max($h_n/6$,h_c,500);

b. 嵌固部位:$h_n/3$。(无地下室结构时,嵌固部位在基础顶面;有地下室结构时,嵌固部位设置在地下室顶面即首层地面。设计须注明柱的嵌固部位的位置。)

2. 框架柱中间层变截面钢筋构造

(1)当$c/h_b > 1/6$时框架柱中间层变截面钢筋构造 如图 4-17 所示,依据《11G101—1》(第 60 页),框架柱中间层变截面处$\Delta/h_b > 1/6$(Δ 为上层柱与下层柱边长之差,h_b 为梁高)时,钢筋构造要点如下。

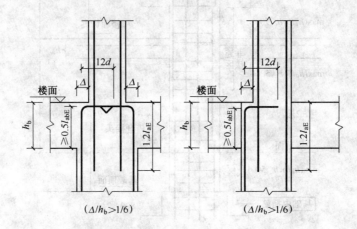

图 4-17 框架柱中间层变截面处 $c/h_b > 1/6$ 时钢筋构造

① 下层柱纵筋断开收头,伸至该层顶+12d。

② 上层柱纵筋伸入下层 1.2l_{aE}(l_a)。

(2)当$c/h_b \leqslant 1/6$时框架柱中间层变截面钢筋构造 如图 4-18 所示,依据《11G101—1》(第 60 页),$\Delta/h_b \leqslant 1/6$ 时,钢筋构造要点是:下层柱纵筋斜弯连续伸入上层,且不断开,如图 4-19 所示。

层号	顶标高	层高	顶梁高
4	15.87	3.6	500
3	12.27	3.6	500
2	8.67	4.2	500
1	4.47	4.5	500
基础	-0.97	基础厚800	—

图 4-18 中间层变截面平法图($\Delta/h_b = 25/500$)

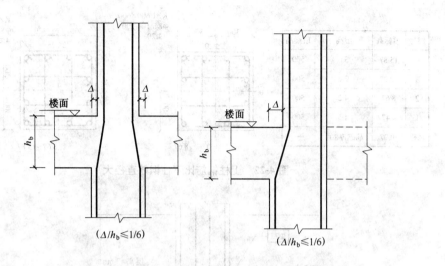

图 4-19　框架柱中间层变截面处 $c/h_b \leqslant 1/6$ 时钢筋构造

3. 上柱与下柱钢筋根数不同的构造

（1）当上柱钢筋比下柱钢筋根数多时钢筋构造　当上柱钢筋比下柱钢筋根数多时,钢筋构造要点是:上层柱多出的钢筋伸入下层 $1.2l_{aE}$（l_a），如图 4-20 所示。

（2）当下柱钢筋比上柱钢筋根数多时钢筋构造　当下柱钢筋比上柱钢筋根数多时,钢筋构造要点是:下层柱多出的钢筋伸入上层 $1.2l_{aE}$（l_a），如图 4-21 所示。

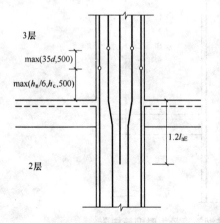

图 4-20　上柱钢筋比下柱钢筋
根数多时钢筋构造

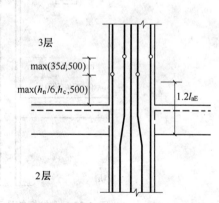

图 4-21　下柱钢筋比上柱钢筋
根数多时钢筋构造

4. 上柱钢筋比下柱钢筋直径大的构造

如图 4-22 所示,上柱钢筋比下柱钢筋直径大时,钢筋构造要点是:上层较大直径钢筋伸入下层的上端非连接区与下层较小直径的钢筋连接,如图 4-23 所示。

层号	顶标高	层高	顶梁高
4	15.87	3.6	500
3	12.27	3.6	500
2	8.67	4.2	500
1	4.47	4.5	500
基础	−0.97	基础厚800	—

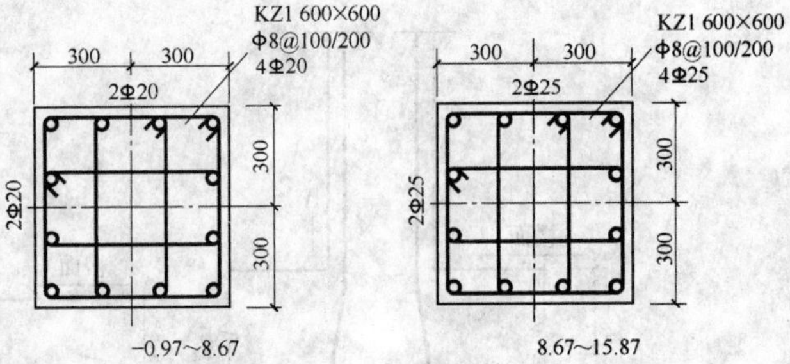

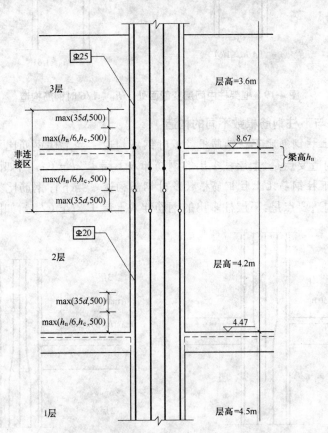

图 4-22 上柱钢筋比下柱钢筋直径大

图 4-23 上柱钢筋比下柱钢筋直径大时钢筋构造

三、顶层框架柱钢筋构造

1. 顶层中柱钢筋构造

（1）$l_{aE} > h_b$ 时顶层中柱钢筋构造   如图 4-24 所示，$l_{aE} = 34d >$ 梁高 700mm，依据《11G101—1》(第 60 页)钢筋构造要点是：顶层中柱全部纵筋伸至柱

顶弯折 $12d$,且 $\geqslant 0.5l_{abE}$,如图 4-25 所示。

层号	顶标高	层高	顶梁高
4	15.87	3.6	700
3	12.27	3.6	700
2	8.67	4.2	700
1	4.47	4.5	700
基础	-0.97	基础厚800	—

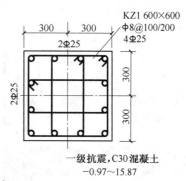

图 4-24　$l_{aE}=34d>$ 梁高 700mm

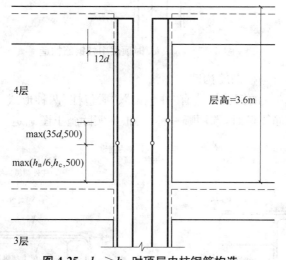

图 4-25　$l_{aE}>h_b$ 时顶层中柱钢筋构造

（2）$l_{aE}\leqslant h_b$ 时顶层中柱钢筋构造　如图 4-26 所示，$l_{aE}=34d<$ 梁高 900mm，

层号	顶标高	层高	顶梁高
4	15.87	3.6	700
3	12.27	3.6	700
2	8.67	4.2	700
1	4.47	4.5	700
基础	-0.03	基础厚800	—

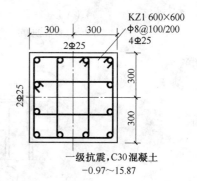

图 4-26　$l_{aE}=34d<$ 梁高 900mm

依据《11G101—1》(第 60 页)钢筋构造要点是:顶层中柱全部纵筋伸至柱顶保护层位置直锚,如图 4-27 所示。

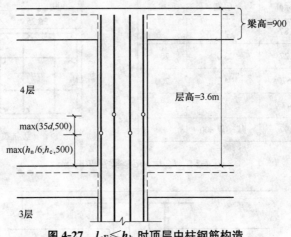

图 4-27 $l_{aE} \leqslant h_b$ 时顶层中柱钢筋构造

2. 顶层边柱、角柱钢筋构造

顶层边柱、角柱的钢筋构造有"柱包梁"、"梁包柱"两种形式,如图 4-28 和图 4-29 所示,进行钢筋算量时,选用哪一种,要根据实际施工图确定。

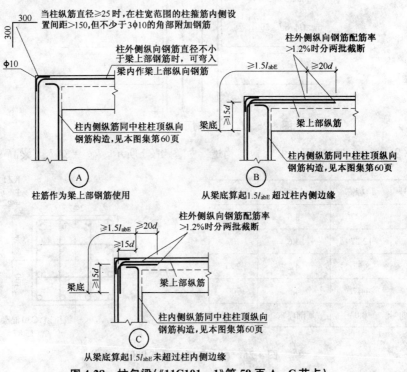

图 4-28 柱包梁(《11G101—1》第 59 页 A~C 节点)

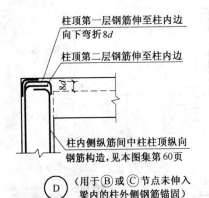

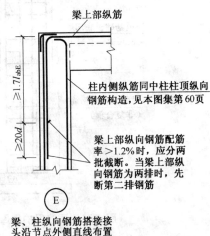

图4-29 梁包柱(《11G101—1》第59页D~E节点)

依据《11G101—1》(第59页B节点柱包梁),如图4-28所示,顶层角柱钢筋构造要点如下。

① 柱外侧纵筋从梁底起算收头≥$1.5l_{abE}$。

② 柱外侧纵向钢筋配筋率>1.2%时,分两批截断。

③ 内侧钢筋与中柱的柱顶钢筋构造相同。

四、框架柱箍筋构造

1. 箍筋根数

(1) 基础内箍筋根数 依据《11G101—3》(第59页),箍筋构造要点如下。

① 当插筋混凝土保护层厚度>$5d$(d为插筋最大直径)时,间距≤500且不少于两道矩形封闭箍筋(注意基础内箍筋为非复合箍),如图4-30所示。

② 当插筋混凝土保护层厚度≤$5d$(d为插筋最大直径)时,箍筋加密,箍筋直径应满足≥$d/4$(d为插筋最大直径),间距≤$10d$(d为插筋最小直径),且≤100mm(注意基础内箍筋为非复合箍),如图4-31所示。

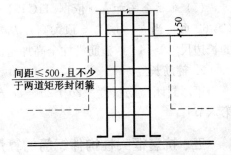

图4-30 插筋保护层厚度>$5d$时基础内箍筋

③ 箍筋分段布置。基础顶面以上起步距离为50mm,如4-30所示;基础顶面以下起步距离为100mm,如图4-31所示。

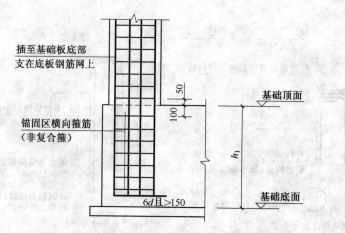

图 4-31　插筋保护层厚度＜5d 时基础内箍筋

（2）地下室框架柱箍筋根数　依据《11G101—1》(第 58 页)，加密区为地下室框架柱纵筋非连接区高度(地下室框架柱纵筋非连接区高度)见本节一、地下室框架柱钢筋构造相关内容。

（3）楼层框架柱箍筋根数　依据《11G101—1》(第 61 页)，加密区为楼层框架柱纵筋非连接区高度和嵌固部位的非连接区高度。嵌固部位的箍筋加密区高度为 $h_n/3$。

（4）中间节点的箍筋连续布置　依据《11G101—1》(第 61 页)，当中间节点的高度或标高与框架柱相连的框架梁高度或标高不同时，中间节点的箍筋应连续布置，如图 4-32 所示。

（5）短柱全高加密　依据《11G101—1》(第 62 页)，当 h_n（层高－顶梁高）/ h_c（柱的长边尺寸）≤4 时，箍筋沿柱全高加密。

2. 箍筋长度

矩形封闭箍筋长度＝$2b+2h-8c-1.5d+\max(10d,75\text{mm})\times 2$（见第一章第六节）。

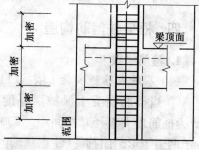

图 4-32　箍筋连续布置

五、抗震框架柱构件钢筋的算量实例

1. 钢筋计算条件

抗震框架柱构件如图 4-33 所示，混凝土强度等级为 C30，纵筋连接方式采用焊接连接，抗震一级。h_c 为柱长边尺寸，h_b 为梁高。

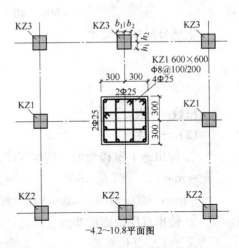

层号	顶标高	层高	顶梁高
3	10.80	3.6	700
2	7.20	3.6	700
1	3.60	3.6	700
-1	±0.00	4.2	700
筏板基础	-4.20	基础厚800	—

图 4-33　KZ1 平法施工图

2. 钢筋计算

(1) 计算参数　依据《11G101—1》(第 54 页),保护层厚度 $c=20mm$,受拉钢筋抗震锚固长度 $l_{aE}=33d$;依据《11G101—3》(第 59 页),箍筋起步距离为 50mm;依据《11G101—1》(第 58 页),筏板基础顶面非连接区高度 $max(h_n/6,h_c,500)$,嵌固部位(首层地面)非连接区高度 $h_n/3$;接头错开高度 $35d$ 。双肢箍长度计算公式为:$2b+2h-8c-1.5d+max(10d,75mm)×2$。

(2) 基础内插筋

① 基础底部弯折长度 a 。根据《11G101—1》(第 54 页),基础地面钢筋的混凝土保护层厚度应不小于 40mm,基础内竖直长度 $800-40 < l_{aE}$($l_{aE}=33d=825$),因此,$a=15d=375mm$。

② 筏板基础顶面非连接区高度。

$$筏板基础顶面非连接区高度 = max(h_n/6,h_c,500)$$
$$= max[(4200-700)/6,600,500] = 600(mm)。$$

③ 基础内低位插筋。

$$基础内低位插筋长度 = 800-40+max(h_n/6,h_c,500)+375$$
$$= 800-40+600+375 = 1735(mm)。$$

钢筋分段加工尺寸:

1360 |
375

根数＝6 根。

④ 基础高位内插筋。

$$基础高位内插筋长度 = 800-40+max(h_n/6,h_c,500)+375+35d$$

$$=800-40+600+375+35\times25 =2610\text{(mm)}。$$

钢筋分段加工尺寸：

```
       ┐
   2235│
       └
       375
```

根数＝6 根。

(3) −1 层

① 伸出地下室楼面的非连接区高度

$$=\max(h_n /6, h_c ,500)$$

$$=\max[(4200-700)/6,600,500]=600\text{(mm)}。$$

② 伸出首层地面的非连接区高度 $= h_n /3=(3600-700)/3 =967\text{(mm)}。$

③ −1 层低位纵筋。

−1 层低位纵筋长度$=4200-600+(3600-700)/3=4567\text{(mm)}。$

钢筋分段加工尺寸：

```
   │4567
```

根数＝6 根。

④ −1 层高位纵筋。

−1 层高位纵筋长度$=4200-600-35d+(3600-700)/3+35d =4567\text{(mm)}。$

钢筋分段加工尺寸：

```
   │4567
```

根数＝6 根。

(4) 1 层

① 伸入 2 层的非连接区高度$=\max(h_n/6, h_c ,500)$

$$=\max[(3600-700)/6,600,500] =600\text{(mm)}。$$

② 1 层低位纵筋。

1 层低位纵筋长度$=3600-(3600-700)/3+600=3233\text{(mm)}。$

钢筋分段加工尺寸：

```
   3233│
```

根数＝6 根。

③ 1 层高位纵筋。

1 层高位纵筋长度$=3600-(3600-700)/3-35d+600+35d =3233\text{(mm)}。$

钢筋分段加工尺寸：

3233|

根数=6根。

(5) 2层

① 伸入3层的非连接区高度=max(h_n/6,h_c,500)

$$=max[(3600-700)/6,600,500]=600(mm)。$$

② 2层低位纵筋。

2层低位纵筋长度=3600-600+600=3600(mm)。

钢筋分段加工尺寸:

3600|

根数=6根。

③ 2层高位纵筋。

2层高位纵筋长度=3600-600-35d+600+35d=3600(mm)。

钢筋分段加工尺寸:

3600|

根数=6根。

(6) 3层(顶层)

① 弯折长度。屋面框架梁高度700<l_{aE}(l_{aE}=33×25=825),因此,柱顶钢筋伸至顶部混凝土保护层位置,弯折12d。

② 3层低位纵筋。

3层低位纵筋长度=3600-600-30+12×25=3270(mm)。

钢筋分段加工尺寸:

2970|‾300

根数=6根。

③ 3层高位纵筋。

3层高位纵筋长度=3600-600-35×25-30+12×25=2395(mm)。

钢筋分段加工尺寸:

2095|‾300

根数=6根。

(7) 箍筋

① 箍筋长度。

外大箍筋长度=2b+2h-8c-1.5d+max(10d,75mm)×2

$$=2×600+2×600-8×30-1.5×8+20×8$$
$$=2308(mm)。$$

钢筋分段加工尺寸：

600−2×30+8=548

600−2×30+8=548

竖向里小箍筋长度

$$=2b'+2h-4c-1.5d+\max(10d,75mm)×2$$
$$=2×[(600-2×30)/3+25+8]+2×600-4×30-1.5×8+20×8$$
$$=1654(mm)。$$

钢筋分段加工尺寸：

(600−2×30)/3+25+8=213

600−2×30+8=548

横向里小箍筋长度

$$=2b+2h'-4c-1.5d+\max(10d,75mm)×2$$
$$=2×600+2×[(600-2×30)/3+25+8]-4×30-1.5×8+20×8$$
$$=1654(mm)。$$

钢筋分段加工尺寸：

600−2×30+8=548

(600−2×30−25)/3+25+8=205

② 箍筋根数。

a. 筏板基础内箍筋根数。当插筋混凝土保护层厚度＞$5d$（插筋最大直径）时，间距≤500 且不少于两道矩形封闭箍筋。2 根矩形封闭箍（外大箍筋）。

筏板基础内箍筋根数＝2 根。

b. −1 层箍筋根数。

下端加密区根数＝(600−50)/100+1＝7（根）。

上端加密区根数＝(700+600−50)/100+1＝14（根）。

中间非加密区根数＝(4200−600−700−600)/200−1＝11（根）。

−1 层箍筋根数＝7+14+11＝32（根）（外大箍、里横向、竖向小箍各 32 根）。

c. 1 层箍筋根数。1 层下端非连接区高度为 $h_n/3＝(3600-700)/3＝967$ (mm)，上端非连接高度为梁高 700+$\max(h_n/6,h_c,500)＝700+600$ (mm)。

下端加密区根数＝(967−50)/100+1＝11（根）。

上端加密区根数＝(700+600−50)/100+1＝14（根）。

中间非加密区根数＝(3600−967−700−600)/200−1＝6（根）。

1 层箍筋根数＝11+14+6＝31（根）。（外大箍、里横向、竖向小箍各 31 根）。

d. 2、3 层箍筋根数。2、3 层箍筋根数相同。

下端加密区根数＝(600－50)/100＋1＝7(根)。

上端加密区根数＝(700＋600－50)/100＋1＝14(根)。

中间非加密区根数＝(3600－600－700－600)/200－1＝8(根)。

2、3 层箍筋根数＝7＋14＋8＝29(根)。(外大箍、里横向、竖向小箍各 29 根)。

第五章 剪力墙钢筋的算量

剪力墙构件钢筋包括墙身钢筋、墙梁钢筋和墙柱钢筋。墙身钢筋分为墙身水平筋、墙身竖向筋和拉筋。墙梁有连梁、暗梁、边框梁,墙梁钢筋由纵筋和箍筋组成。墙柱有端柱和暗柱,墙柱钢筋由纵筋和箍筋组成。

第一节 剪力墙钢筋构造

一、剪力墙水平钢筋构造

1. 墙身水平筋暗柱锚固

墙身暗柱(GAZ)如图 5-1 所示。

暗柱是对墙身的加强,墙身钢筋在暗柱内无直锚构造。依据《11G101—1》(第 68 页)和《12G901—1》(第 3-7 页),剪力墙水平钢筋构造要点如下。

① 墙身水平筋暗柱锚固,伸至对边弯折 $10d$,如图 5-2 所示。

② 墙身水平筋拐角暗柱锚固,里侧筋伸至对边弯折 $10d$,外侧筋伸至对边弯折

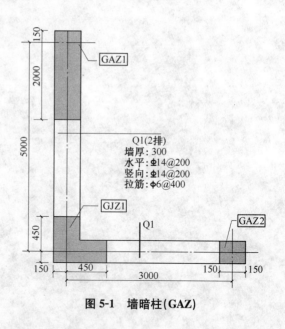

图 5-1 墙暗柱(GAZ)

$\geqslant l_{lE}$ (l_l)(l_{lE} 、l_l 表示抗震、非抗震受拉纵向钢筋搭接长度),如图 5-3 所示。

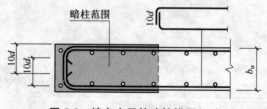

图 5-2 墙身水平筋暗柱锚固(一)

③ 无暗柱墙身水平筋锚固如图 5-4 所示。

2. 墙身水平筋端柱锚固

依据《12G901—1》(第 3-8 页),墙身端柱(GDZ)钢筋构造要点如下。

① 端柱端部墙水平筋锚固。墙身水平筋伸入端柱弯锚,伸至对边弯折 $15d$,如图 5-5 所示。

② 端柱转角墙水平筋锚固。当端柱截面宽度 $\geqslant 0.6l_{abE}$(l_{ab})时,如图 5-6 所示,墙身水平筋伸入端柱弯锚,伸至对边弯折 $15d$,如图 5-7 所示。

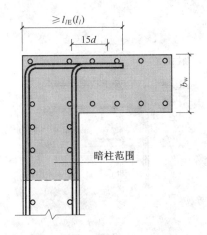

图 5-3 墙身水平筋暗柱锚固(二)

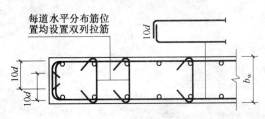

图 5-4 无暗柱墙身水平筋锚固(三)

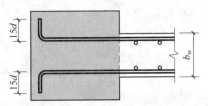

图 5-5 端柱端部墙水平筋锚固

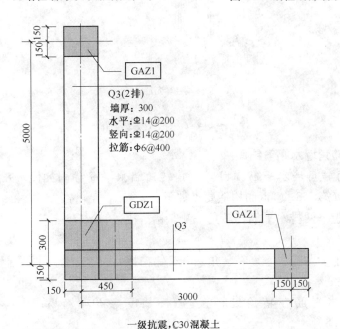

一级抗震,C30混凝土

图 5-6 端柱转角墙水平筋构造(GDZ)

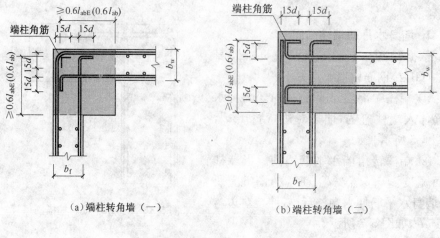

（a）端柱转角墙（一）　　　　　　（b）端柱转角墙（二）

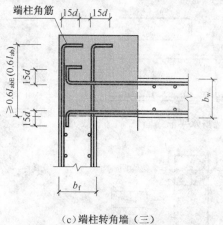

（c）端柱转角墙（三）

图 5-7　墙身水平筋端柱锚固

3. 墙身转角墙水平筋锚固

（1）直角转角墙水平筋锚固　直角转角墙水平筋锚固如图 5-8 所示,依据《12G901—1》(第 3-6 页)钢筋构造要点如下。

① 外侧上下两排水平筋在转角一侧交错搭接,搭接长度 $\geqslant 1.2l_{aE}(1.2l_a)$,如图 5-8a 所示。

② 外侧上下两排水平筋在转角两侧交错搭接,搭接长度 $\geqslant 1.2l_{aE}(1.2l_a)$,如图 5-8b 所示。

③ 外侧水平筋在转角处搭接,搭接长度 $\geqslant 0.8l_{aE}(0.8l_a)$,如图 5-8c 所示。

④ 里侧水平筋伸至对边弯折 $15d$ 。

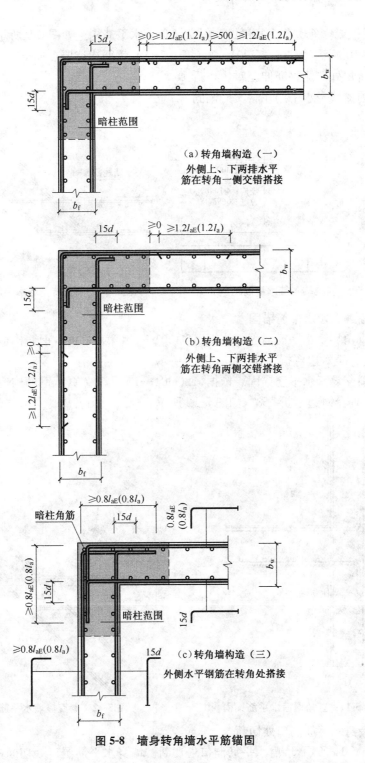

（a）转角墙构造（一）
外侧上、下两排水平
筋在转角一侧交错搭接

（b）转角墙构造（二）
外侧上、下两排水平
筋在转角两侧交错搭接

（c）转角墙构造（三）
外侧水平钢筋在转角处搭接

图 5-8 墙身转角墙水平筋锚固

（2）斜交转角墙水平筋锚固　斜交转角墙水平筋构造如图 5-9 所示，水平筋锚固如图 5-10 所示，依据《12G901—1》（第 3-7 页），钢筋构造要点如下。

① 转角处内侧钢筋伸至对边弯折 $15d$。

② 内侧墙身水平筋在斜交处锚固 $\geqslant l_{aE}$（l_a）。

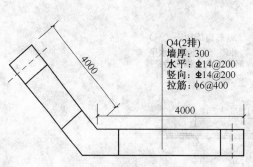

Q4(2排)
墙厚：300
水平：$\Phi14@200$
竖向：$\Phi14@200$
拉筋：$\phi6@400$

图 5-9　斜交转角墙水平筋构造

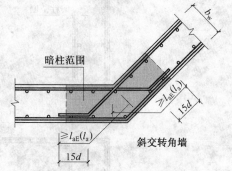

图 5-10　斜交转角墙水平筋锚固

4. 墙身翼墙水平筋锚固

① 直角翼墙水平筋锚固。依据《12G901—1》（第 3-7 页），钢筋构造要点为：翼墙水平筋伸至对边弯折 $15d$，如图 5-11 所示。

② 斜交翼墙水平筋锚固。依据《12G901—1》（第 3-7 页），钢筋构造要点为：翼墙水平筋伸至对边弯折 $15d$，如图 5-12 所示。

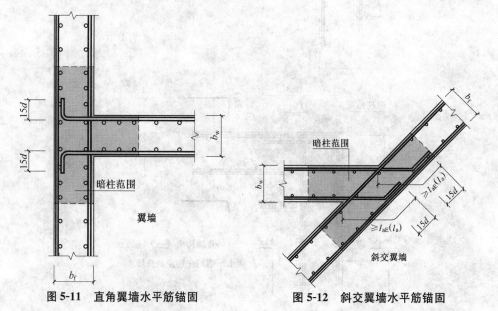

图 5-11　直角翼墙水平筋锚固

图 5-12　斜交翼墙水平筋锚固

5. 墙身水平筋洞口处切断

如图 5-13 所示，墙身水平筋洞口处切断。墙身水平筋洞口处切断的构造要点为:交叉搭接 $5d$,如图 5-14 所示。

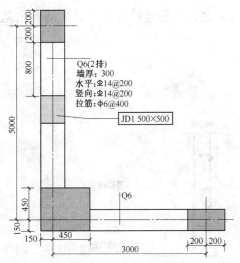

图 5-13　墙身洞口

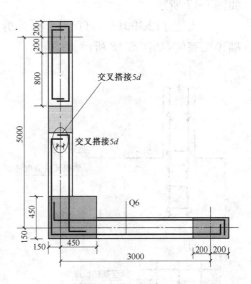

图 5-14　墙身水平筋洞口处切断的构造

6. 墙身水平筋的根数

① 墙身水平筋基础内根数。

情况一,依据《11G101—3》(第 58 页),当墙插筋保护层厚度＞$5d$、h_j＞$l_{aE}(l_a)$ (h_j 为基础底面至基础顶面的高度,对于带基础梁的基础,其高度为基础底面至基础梁顶面的高度),间距≤500,且不少于两道,如图 5-15 所示。

情况二,依据《11G101—3》(第 58 页),当墙外侧插筋保护层厚度≤$5d$、h_j≤$l_{aE}(l_a)$,内侧间距≤500,且不少于两道;外侧间距≤$10d$ (d 为插筋最小直径)且≤100mm,如图 5-16 所示。

② 基础顶面起步距离依据《11G101—3》(第 58 页)为 50mm,如图 5-15 所示。

③ 依据《12G901—1》(第 3-12、3-13 页),墙身水平筋在连梁箍筋外侧连续布置。

④ 依据《12G901—1》(第 3-12 页),墙身水平筋在楼面位置起步距离为 50mm。

⑤ 依据《12G901—1》(第 3-16、3-17 页),墙身水平筋在暗梁箍筋外侧连续布置。

⑥ 依据《12G901—1》(第 3-9 页),墙身水平筋在楼板、屋面板连续布置。

二、剪力墙竖向钢筋构造

1. 墙插筋在基础中的锚固

① 依据《11G101—3》(第 58 页、59 页),外墙外侧钢筋伸至基础底部弯折

$15d$，并与地板纵筋搭接；内墙或外墙内侧钢筋伸至基础底部弯折 $6d$ 且 $\geqslant 150\text{mm}$，如图 5-17 所示。

② 依据《12G901—1》(第 3-1 页)，剪力墙竖向钢筋连接位置及墙插筋伸出基础顶面高度，如图 5-18 所示。

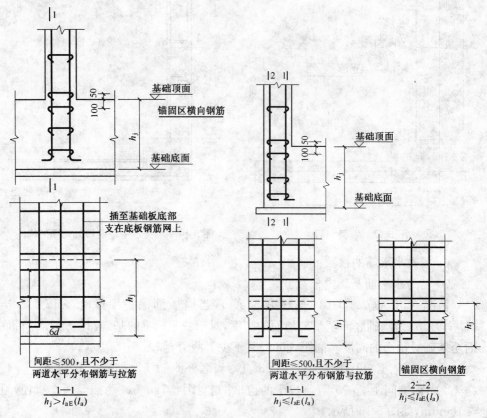

图 5-15 墙插筋在基础中锚固构造(情况一)   图 5-16 墙插筋在基础中锚固构造(情况二)

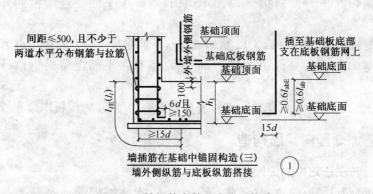

图 5-17 墙插筋在基础中锚固构造(三)

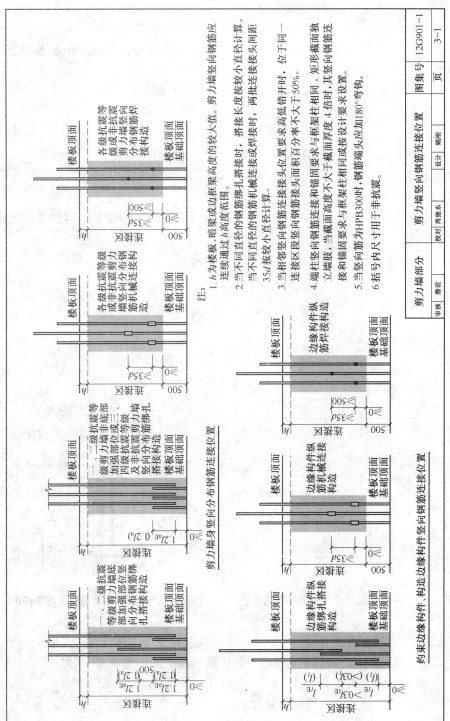

图 5-18 墙身竖向筋分布钢筋连接位置

注：
1. h 为楼板、暗梁或边框梁高度的较大值。剪力墙竖向钢筋应连续通过 h 高度范围。
2. 当不同直径的钢筋绑扎搭接时，搭接长度按较小直径计算。当不同直径的钢筋机械连接或焊接时，两批连接头间距 35d 按较小直径计算。
3. 当相邻竖向钢筋连接接头位置要求高低错开时，位于同一连接区段竖向钢筋连接接头面积百分率不大于 50%。
4. 端柱竖向钢筋连接和锚固要求与框架柱相同。矩形截面独立墙肢，当截面高度不大于截面厚度 4 倍时，其竖向钢筋连接接头面积要求与框架柱相同或按设计要求设置。
5. 当竖向筋为 HPB300 时，钢筋端头应加 180° 等钩。
6. 括号内尺寸用于非抗震。

剪力墙部分	剪力墙竖向钢筋连接位置	图集号	12G901-1
设计		校对	
审核	页	3-1

2. 墙身竖向钢筋楼层中基本构造

墙身竖向钢筋直径一般不大于 28mm,可采用绑扎搭接、机械连接和焊接连接,如图 5-19 所示。依据《12G901—3》(第 3-1 页),墙身竖向筋楼层中基本构造要点如下。

① 低位竖向钢筋长度＝本层层高＋伸入上层 $1.2l_{aE}$（l_a）。

② 高位竖向钢筋长度＝本层层高－$1.2l_{aE}$（l_a）－500＋

伸入上层 $1.2l_{aE}$（l_a）＋500＋$1.2l_{aE}$（l_a）。

3. 变截面墙身竖向钢筋楼层中构造

依据《12G901—1》(第 3-9 页),变截面墙身竖向筋楼层中构造要点如图 5-20 所示。

① 变截面处,下层墙竖向筋伸至本层顶,自板底起算加 l_{aE}（l_a）,并且平直段长度≥$12d$。

② 上层墙变截面处竖向筋伸至下层,自板顶起算加 $1.2l_{aE}$（$1.2l_a$）。

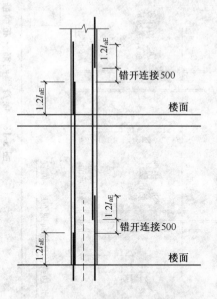

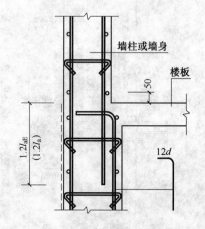

图 5-19 墙身竖向筋楼层中基本构造   图 5-20 变截面墙身竖向筋楼层中构造

4. 墙身竖向筋顶层构造

依据《11G101—1》(第 70 页),墙身竖向筋顶层构造如图 5-21 所示。

① 墙身竖向筋自板底起算 l_{aE}（l_a）,并且平直段长度≥$12d$。

② 墙身竖向筋自边框梁底起算加 l_{aE}（l_a）。

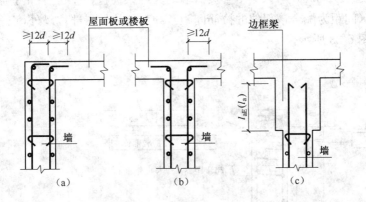

图 5-21 剪力墙竖向钢筋顶部构造

5. 墙身竖向筋的根数

① 依据《12G901—1》(第 3-5 页),墙端为构造性柱,墙身竖向筋在墙净长范围内按正常布置,起步距离为竖向分布钢筋的间距,如图 5-22 所示。

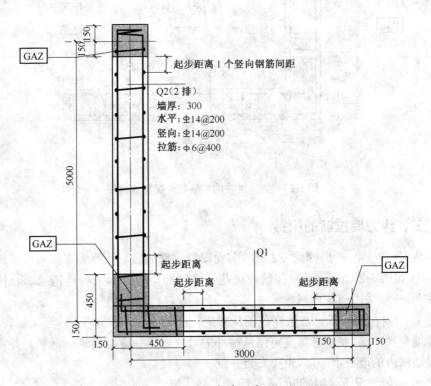

图 5-22 起步距离

② 依据《12G901—1》(第 3-4 页),墙端为约束性柱,约束性柱的扩展部位配置墙竖向筋(间距为配合该部位的拉筋间距);约束性柱扩展部位以外,正常布置墙竖向筋,如图 5-23 所示。

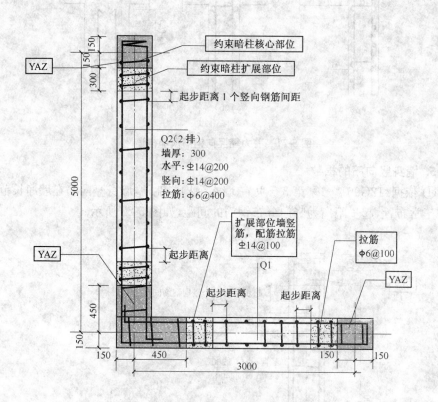

图 5-23 约束性柱的扩展部位配置墙身筋

三、剪力墙拉筋的根数

依据《12G901—1》(第 3-22 页),剪力墙身拉筋的根数计算要点如下。

① 如图 5-24 所示,墙身拉筋有梅花形排部和矩形排部两种构造,如设计未明确注明,一般采用梅花形布置。

② 墙身拉筋布置。在层高范围从楼面往上第二排墙身水平筋,至顶板往下第一排墙身水平筋;在墙身宽度范围从端部的墙柱边第一排墙身竖向钢筋开始布置;连梁范围内的墙身水平筋,也要布置拉筋。

③ 一般情况下,墙拉筋间距是墙水平筋或竖向筋间距的 2 倍。

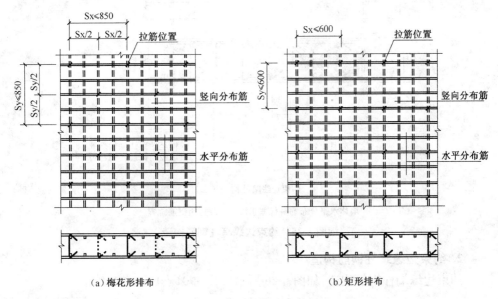

（a）梅花形排布　　　　　（b）矩形排布

图 5-24　墙身拉筋的布置

第二节　剪力墙墙柱、墙梁钢筋构造

一、剪力墙墙柱钢筋构造

1. 约束边缘暗柱钢筋构造

约束边缘暗柱钢筋构造，如图 5-25 所示（《12G901—1》第 3-4 页）。

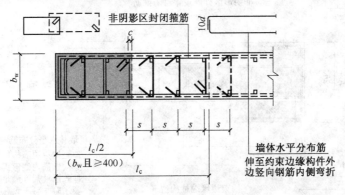

约束边缘暗柱构造（一）

非阴影区外圈设置封闭箍筋

图 5-25　约束边缘暗柱钢筋构造

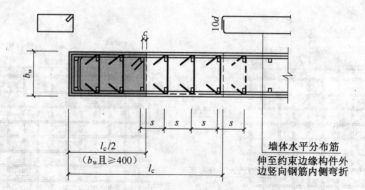

约束边缘暗柱构造（二）

墙体水平分布筋替代非阴影区外圈封闭钢筋位置

续图 5-25 约束边缘暗柱钢筋构造

2. 约束边缘端柱钢筋构造

约束边缘端柱钢筋构造，如图 5-26 所示（《12G901—1》第 3-4 页）。

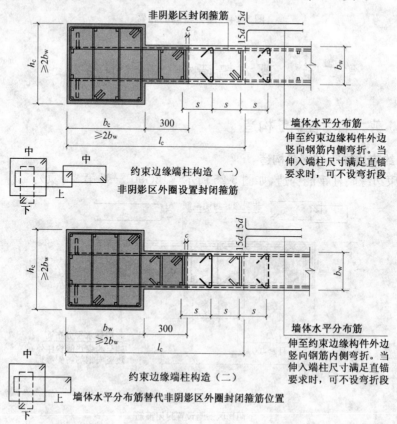

图 5-26 约束边缘端柱钢筋构造

3. 约束边缘转角墙钢筋构造

约束边缘转角墙钢筋构造，如图 5-27 所示(《12G901—1》第 3-2 页)。

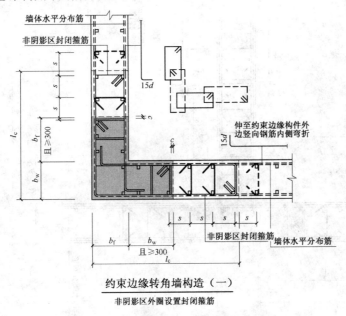

约束边缘转角墙构造（一）

非阴影区外圈设置封闭箍筋

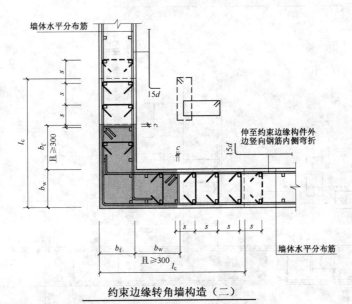

约束边缘转角墙构造（二）

墙体水平分布筋替代非阴影区外圈封闭箍筋位置

图 5-27　约束边缘转角墙钢筋构造

4. 约束边缘翼墙钢筋构造

约束边缘翼墙钢筋构造，如图 5-28 所示(《12G901—1》第 3-3 页)。

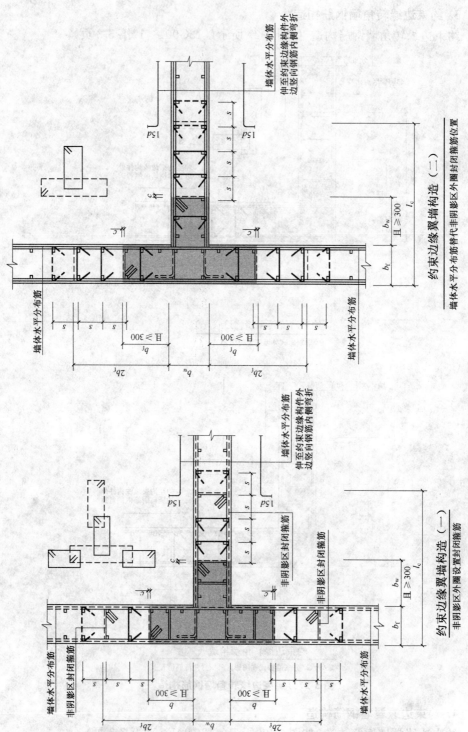

图5-28 约束边缘翼墙钢筋构造

二、剪力墙墙梁钢筋构造

1. 连梁(LL)钢筋的构造

依据《12G901—1》(第 3-10 页),连梁钢筋构造的要点如下。

① 中间层连梁在中间洞口,纵筋长度＝洞口宽＋两端锚固 max[l_{aE}(l_a), 600],如图 5-29 所示。

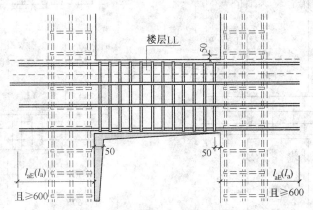

图 5-29 中间层连梁在中间洞口

② 中间层连梁在端部洞口处锚固纵筋,伸至墙外侧纵筋内侧弯折 15d ,另一侧直锚 max[l_{aE}(l_a),600],如图 5-30 所示。

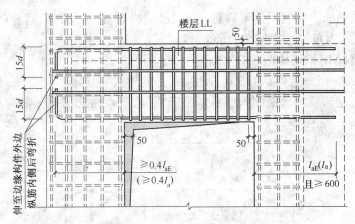

图 5-30 中间层连梁在端部洞口处

③ 顶层连梁端部锚固,顶部钢筋伸至墙外侧纵筋内侧弯折 15d ,底部钢筋同样伸至墙外侧纵筋内侧弯折 15d ,如图 5-31 所示。

④ 顶层连梁在中间洞口,纵筋长度＝洞口宽＋两端锚固 max[l_{aE}(l_a), 600],如图 5-32 所示。

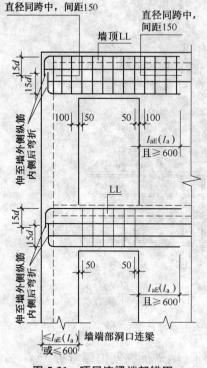

图 5-31 顶层连梁端部锚固

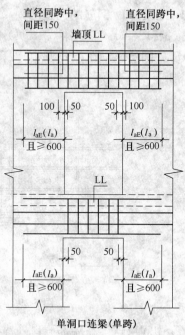

图 5-32 顶层连梁端在中间洞口

⑤ 箍筋排布。中间层连梁箍筋在洞口范围内布置,顶层连梁箍筋在连梁纵筋水平长度范围内布置,如图 5-32 所示。

2. 暗梁(AL)钢筋构造

依据《12G901—1》(第 3-15 页),暗梁钢筋的构造要点如下。

① 中间层暗梁端部锚固与墙身水平筋相同,节点做法与框架结构相同,伸至对边弯折 15d ,如图 5-33 所示。

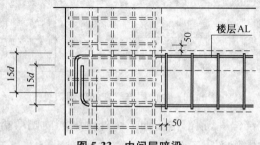

图 5-33 中间层暗梁

② 顶层暗梁端部锚固节点做法与框架结构相同,顶部钢筋伸至端部弯折 $\geqslant$ 1.7l_{abE}(1.7l_{ab}),底部钢筋与墙身水平筋相同,伸至对边弯折 15d ,如图 5-34 所示。

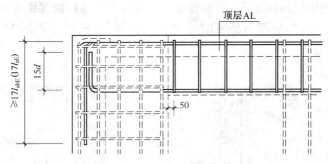

图 5-34　顶层暗梁端部锚固

③ 箍筋在暗梁净长范围内布置,暗梁箍筋由剪力墙构造边缘构件阴影区边缘 50mm 处开始排布,暗梁与楼面剪力墙相连一端的箍筋排布到距门窗洞口边 100mm 处,暗梁与顶层剪力墙相连一端的箍筋排布到与顶层连梁箍筋相连处。

④ 与连梁重叠时,暗梁纵筋与箍筋算到连梁边,暗梁纵筋与连梁纵筋,若位置与规格相同,则可贯通;若规格不同,则相互搭接,如图 5-35 所示。

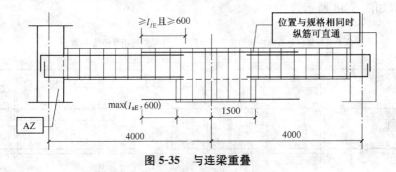

图 5-35　与连梁重叠

3. 边框梁(BKL)钢筋构造

依据《12G901—1》(第 3-18 页),边框梁钢筋的构造要点如下。

① 中间层边框梁端部锚固,节点做法与框架结构相同,伸至对边弯折 $15d$,如图 5-36 所示。

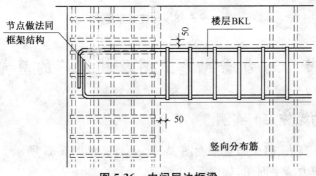

图 5-36　中间层边框梁

② 顶层边框梁端部锚固,节点做法与框架结构相同,顶部钢筋伸至端部弯折 $\geqslant 1.7l_{abE}(1.7l_{ab})$,底部钢筋与墙身水平筋相同,伸至对边弯折 $15d$,如图 5-37 所示。

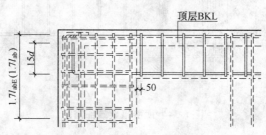

图 5-37   顶层边框梁端部锚固

③ 箍筋排布。在边框梁净长范围内排布,边框梁箍筋距边框柱 50mm 处起步。

④ 与连梁重叠时,边框梁与连梁的箍筋及纵筋各自计算,规格和位置相同的可直通,如图 5-38 所示。

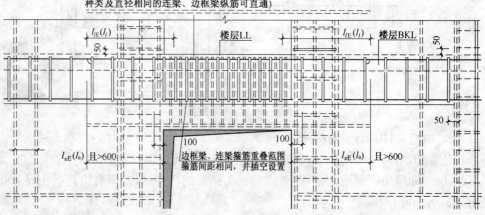

图 5-38   与连梁重叠

第三节   剪力墙的施工图及其钢筋的算量实例

一、剪力墙施工图实例

① 层高标高表、暗梁布置平面图、基础示意图,如图 5-39 所示。

② 各层剪力墙平面图,如图 5-40 所示。

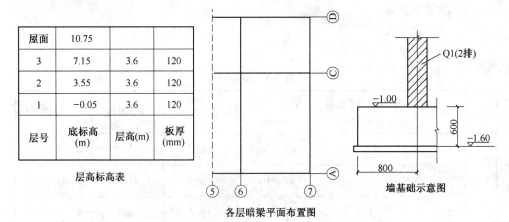

层号	底标高 (m)	层高(m)	板厚 (mm)
屋面	10.75		
3	7.15	3.6	120
2	3.55	3.6	120
1	−0.05	3.6	120

层高标高表

各层暗梁平面布置图

墙基础示意图

图 5-39　层高标高表、暗梁布置平面图、基础示意图

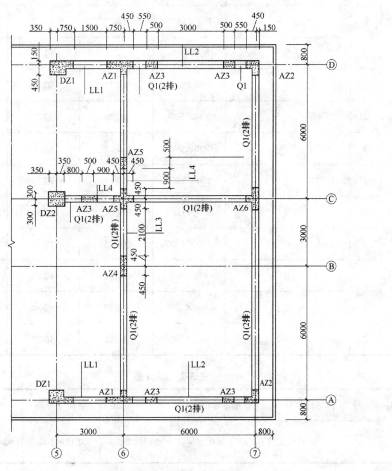

图 5-40　各层剪力墙平面图

③ 墙梁表见表 5-1。

④ 墙身表见表 5-2。

⑤ 墙柱表见表 5-3。

表 5-1 墙梁表

编号	层号	墙梁顶相对于本层顶标高的高差(m)	梁截面 $b \times h$ (mm)	上部纵筋	下部纵筋	箍筋
LL1	1	0.9	300×1600	4Φ22	4Φ22	Φ10@100(2)
	2	0.9	300×1600	4Φ22	4Φ22	Φ10@100(2)
	3	0	300×700	4Φ22	4Φ22	Φ10@100(2)
LL2	1	0.9	300×1600	4Φ22	4Φ22	Φ10@100(2)
	2	0.9	300×1600	4Φ22	4Φ22	Φ10@100(2)
	3	0	300×700	4Φ22	4Φ22	Φ10@100(2)
LL3	1	0	300×900	4Φ22	4Φ22	Φ10@100(2)
	2	0	300×900	4Φ22	4Φ22	Φ10@100(2)
	3	0	300×900	4Φ22	4Φ22	Φ10@100(2)
LL4	1	0	300×1200	4Φ22	4Φ22	Φ10@100(2)
	2	0	300×1200	4Φ22	4Φ22	Φ10@100(2)
	3	0	300×1200	4Φ22	4Φ22	Φ10@100(2)
AL1	1	0	300×500	4Φ20	4Φ20	Φ10@150(2)
	2	0	300×500	4Φ20	4Φ20	Φ10@150(2)
	3	0	300×500	4Φ20	4Φ20	Φ10@150(2)

表 5-2 墙身表

编 号	标高(m)	墙厚(mm)	水平分布筋	竖向分布筋	拉筋
Q1	−1.00～10.75	300	Φ12@200	Φ12@200	Φ6@400×400

表 5-3　墙柱表

截面			
编号	AZ1	AZ2	AZ3
标高	−1～10.75	−1～10.75	−1～10.75
纵筋	24Φ18	15Φ18	10Φ18
箍筋	Φ10@100	Φ10@100	Φ10@100
截面			
编号	AZ4	AZ5	AZ6
标高	−1.00～10.75	−1.00～10.75	−1.00～10.75
纵筋	12Φ18	24Φ18	19Φ18
箍筋	Φ10@100	Φ10@100	Φ10@100
截面			
编号	DZ1	DZ2	
标高	−1.00～10.75	−1.00～10.75	
纵筋	24Φ22	18Φ25	
箍筋	Φ10@100/200	Φ10@100/200	

二、剪力墙钢筋的算量实例

1. 计算条件

抗震等级为一级,混凝土强度等级为 C30,纵筋连接方式为墙身、墙梁、墙柱绑扎搭接(墙身钢筋连接按定尺长度计算,不考虑钢筋的实际连接位置;墙柱钢筋按楼层进行连接),钢筋定尺长度为 9000mm。

2. Ⓐ、Ⓓ、⑦轴墙身(Q1)水平钢筋计算

计算Ⓐ、Ⓓ、⑦轴的 Q1 钢筋工程量,剩余的Ⓒ、⑥轴的 Q1 钢筋工程量由读者练习。

如图 5-40 所示,Ⓐ、Ⓓ、⑦轴的 Q1 形成一圈外墙,Ⓐ、Ⓓ轴钢筋相同,所以外侧钢筋贯通(转角处采用连续贯通的构造)。图 5-41、图 5-42 分别为Ⓐ、Ⓓ轴和⑦轴墙身水平筋的分析图。

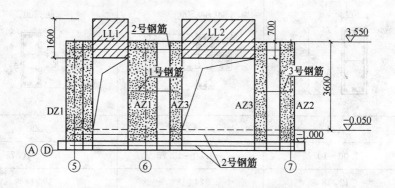

图 5-41　Ⓐ、Ⓓ轴墙身水平筋的分析图

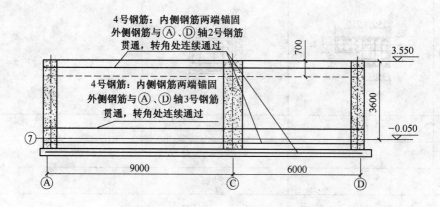

图 5-42　⑦轴墙身水平筋的分析图

(1) 计算参数(表5-4)

表5-4 Q1水平筋计算参数

参数	值	出处
墙保护层厚度 c	15mm	《11G101—1》第54页
l_{aE}	35d	《11G101—1》第53页
l_{lE}	$1.2l_{aE}$	《11G101—1》第55页
墙身水平筋起步距离	基础顶面起步距离:50mm	《11G101—3》第59页
	楼面起步距离:50mm	《12G901—1》第3-13页

(2) Ⓐ、Ⓓ轴1号水平筋长度计算

Ⓐ、Ⓓ轴1号水平筋如图5-41和图5-43所示。

根据《12G901—1》(第3-7页),墙身水平筋在暗柱内锚固,伸至对边弯折10d,图5-43所示的Ⓐ、Ⓓ轴1号水平钢筋长度(内侧和外侧相同)

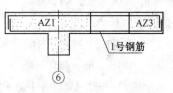

图5-43 Ⓐ、Ⓓ轴1号水平筋

$= 750+450+550+500-2\times15+2\times10d+2\times6.25d$

$= 750+450+550+500-2\times15+2\times10\times12+2\times6.25\times12$

$= 2610(mm)$。

钢筋的分段加工尺寸: 120 ⌐‾‾‾‾‾‾‾‾‾‾‾‾¬ 120
2220

(3) Ⓐ、Ⓓ轴3号钢筋外侧钢筋接⑦轴4号钢筋长度计算

根据《12G901—1》(第3-7页),墙身水平筋在暗柱内锚固,伸至对边弯折10d,图5-42、图5-44所示的Ⓐ、Ⓓ轴3号钢筋外侧钢筋接4号钢筋外侧钢筋计算长度

$= 2\times(500+550+450+150-2\times15+10d)+$

$\quad 6000\times2+3000+2\times150-2\times$

$\quad 15+2\times6.25d$

$= 2\times(500+550+450+150-2\times15+10\times12)$

$\quad +6000\times2+3000+2\times150-2\times$

$\quad 15+2\times6.25\times12$

$= 18900(mm)$。

搭接数量 $= 18900/9000-1 = 2(个)$。

Ⓐ、Ⓓ轴3号钢筋外侧钢筋接4号钢筋外侧钢筋总长度 $= 18900+2\times(1.2\times35\times12+6.25\times12\times2)$

$\quad = 20208(mm)$。

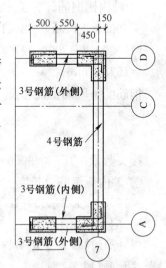

图5-44 钢筋计算示意图

钢筋的分段加工尺寸：

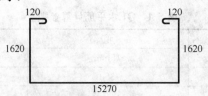

（4）Ⓐ、Ⓓ轴 3 号钢筋内侧水平钢筋长度计算

根据《12G901—1》(第 3-7 页)，3 号内侧钢筋在暗柱内锚固(图 5-44)，伸至对边弯折 10d。根据《12G901—1》(第 3-5 页)，3 号内侧钢筋在转角暗柱内锚固，伸至对边弯折 15d。

Ⓐ、Ⓓ轴 3 号钢筋内侧钢筋长度

$=500+550+450+150-2\times15+15d+10d+2\times6.25d$

$=500+550+450+150-2\times15+15\times12+10\times12+2\times6.25\times12$

$=2070\text{(mm)}$。

钢筋的分段加工尺寸：

（5）⑦轴内侧水平钢筋长度计算

⑦ 轴内侧钢筋计算长度

$=6000\times2+3000+2\times150-2\times15+2\times15d+2\times6.25d$

$=6000\times2+3000+2\times150-2\times15+2\times15\times12+2\times6.25\times12$

$=15780\text{(mm)}$。

钢筋的分段加工尺寸：

接头数量$=15780/9000-1=1$（个）。

⑦ 轴内侧钢筋总长度

$=15780+1.2\times35\times12+2\times6.25d$

$=16434\text{(mm)}$。

（6）Ⓐ、Ⓓ轴 2 号外侧钢筋接⑦轴外侧水平筋长度计算(图 5-41)

如图 5-45 所示，Ⓐ、Ⓓ轴、⑦轴外侧水平筋计算要点为：端柱内锚固伸至对边弯折；转角处连续通过。

Ⓐ、Ⓓ轴 2 号外侧钢筋接⑦轴外侧水平筋在

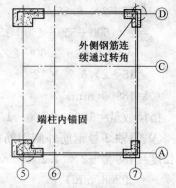

图 5-45 Ⓐ、Ⓓ轴、⑦轴外侧水平筋

端柱内锚固,伸至对边弯折 15d《12G901—1》(第 3-5 页)。

Ⓐ、Ⓓ轴 2 号外侧接⑦轴外侧水平筋钢筋长度(图 5-40)

$$=2\times(6000+3000+150+350-2\times15+15d)+$$

$$6000\times2+3000+2\times150-2\times15+2\times6.25\times12=34720(\mathrm{mm})。$$

钢筋的分段加工尺寸:

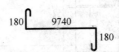

搭接数量＝34720/9000－1＝3(个)。

搭接长度＝$3\times(1.2\times l_{\mathrm{aE}}+2\times6.25d)=3\times(1.2\times35\times12+2\times6.25d)$

$$=1962(\mathrm{mm})。$$

墙身外侧钢筋总长度＝34720＋1962＝36682(mm)。

(7) Ⓐ、Ⓓ轴 2 号内侧钢筋、⑦轴内侧水平筋长度计算

如图 5-46 所示,根据《12G901—1》(第 3-5 页),Ⓐ、Ⓓ轴、⑦轴内侧水平筋计算要点为:墙身水平筋在端柱内锚固,伸至对边弯折。根据《12G901—1》(第 3-5 页),墙身内侧水平筋在转角处暗柱内锚固,伸至对边弯折 15d。

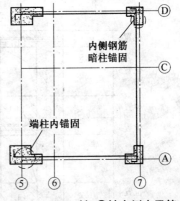

图 5-46　A、D 轴、⑦轴内侧水平筋

① Ⓐ轴 Q1 内侧钢筋长度

$$=3000+6000+150+350-2\times15+2\times15d$$

$$+2\times6.25d$$

$$=3000+6000+150+350-2\times15+2\times15\times$$

$$12+2\times6.25\times12$$

$$=9980(\mathrm{mm})。$$

钢筋的分段加工尺寸:

② Ⓓ轴 Q1 内侧钢筋长度同Ⓐ轴。

③ ⑦轴 Q1 内侧钢筋长度

$$=6000\times2+3000+2\times150-2\times15+2\times15d+2\times6.25d$$

$$=6000\times2+3000+2\times150-2\times15+2\times15\times12+2\times6.25\times12$$

$$=15780(\mathrm{mm})。$$

钢筋的分段加工尺寸:

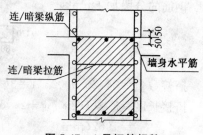

搭接数量＝15780/9000－1＝1(个)。

⑦轴 Q1 内侧钢筋总长度 ＝15780＋1.2×35×12＋2×6.25×12＝16434(mm)。

(8) Ⓐ、Ⓑ轴墙身水平筋和⑦轴墙身水平筋根数

墙身水平筋根数以层计算,楼面起步距离为 50mm,本例中,连梁以下和连梁范围水平筋分开计算,计算根数时,连梁以下的 1 号钢筋未加 1,后面计算连梁范围内的 2 号钢筋根数时加 1,如图 5-47 所示。

图 5-47 1 号钢筋根数

图 5-48 为Ⓐ、Ⓑ轴墙身从基础到屋顶的墙身水平筋布置,⑦轴墙身水平筋根数请读者自行整理。

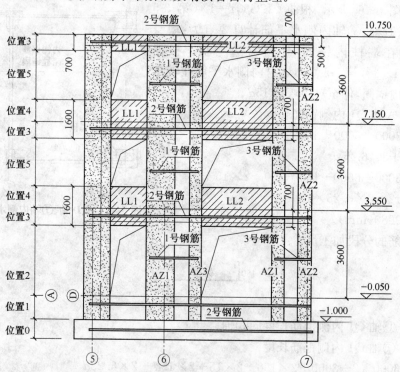

图 5-48 Ⓐ、Ⓑ轴墙身从基础到屋顶的墙身水平筋布置

位置 0:根据《11G101—3》(第 58 页),当墙插筋保护层厚度＞5d、h_j＞$l_{aE}(l_a)$时,间距≤500,且不少于两道。因此,2 号筋 2 根,基础内布置 2 道水平筋。

位置 1:2 号筋根数为(1000－50－50)/200＝5(根),基础顶面起步距离

为 50mm。

位置 2:1 号、3 号筋根数分别为(3600－700－50)/200＝15(根)(1 层门洞高度范围内水平筋根数)。

Ⓐ、①轴 3 号钢筋外侧钢筋接⑦轴 4 号钢筋外侧筋。

位置 3:2 号筋根数为 700/200＋1＝5(根),各层顶部连梁高度范围内水平筋根数。

位置 4:2 号筋根数为(900－50)/200＝5(根),2、3 层底部梁高度范围内水平筋根数。

位置 5:1 号、3 号筋根数为(3600－1600)/200＝10(根),2、3 层门洞高度范围内水平筋根数。

Ⓐ、Ⓑ轴墙身水平筋和⑦轴墙身水平筋根数见表 5-5。

表 5-5 Ⓐ、Ⓑ轴墙身水平筋和⑦轴墙身水平筋根数(参照图 5-48)

位置	名　称	简　图	根数	总根数
0	Ⓐ、①轴 2 号外侧钢筋接⑦轴外侧水平筋(Φ12)	15270 / 9470　9470 / 180　180	2	2
	Ⓐ、① 轴 2 号 内 侧 钢 筋 (Φ12)	180　9470 / 180	2	4
	⑦轴 Q1 内侧钢筋(Φ12)	15270 / 180　180	2	2
1	Ⓐ、①轴 2 号外侧钢筋接⑦轴外侧水平筋(Φ12)	15270 / 9470　9470 / 180　180	5	5
	Ⓐ、① 轴 2 号 内 侧 钢 筋 (Φ12)	180　9470 / 180	5	10
	⑦轴内侧钢筋(Φ12)	15270 / 180　180	5	5
2	Ⓐ、①轴 1 号内侧水平钢筋(Φ12)	120　120 / 2220	15	30×2＝60
	Ⓐ、①轴 3 号钢筋外侧钢筋接⑦轴外侧水平筋(Φ12)	120　120 / 1620　1620 / 15270	15	15
	Ⓐ、①轴 3 号钢筋内侧水平钢筋(Φ12)	120　1620 / 120	15	30
	⑦轴内侧钢筋(Φ12)	15270 / 180　180	15	15

续表 5-5

位置	名　称	简　图	根数	总根数
3	Ⓐ、Ⓓ轴 2 号外侧钢筋接⑦轴外侧水平筋(φ12)	15270　9470　9470　180　180	5	5×3=15
	Ⓐ、Ⓓ轴 2 号内侧钢筋(φ12)	180　9470　180	5	10×3=30
	⑦轴内侧钢筋(φ12)	15270　180　180	5	5×3=15
4	Ⓐ、Ⓓ轴 2 号外侧钢筋接⑦轴外侧水平筋(φ12)	15270　9470　9470　180　180	5	5×2=10
	Ⓐ、Ⓓ轴 2 号内侧钢筋(φ12)	180　9470　180	5	10×2=20
	⑦轴内侧钢筋(φ12)	15270　180　180	5	5×2=10
5	Ⓐ、Ⓓ轴 1 号水平钢筋(φ12)	120　120　2220	10	20×2×2=80
	Ⓐ、Ⓓ轴 3 号钢筋外侧钢筋接⑦轴外侧水平筋(φ12)	120　120　1620　1620　15270	10	10×2=20
	Ⓐ、Ⓓ轴 3 号钢筋内侧水平钢筋(φ12)	120　1620　120	10	20×2=40
	⑦轴内侧钢筋(φ12)	15270　180　180	10	10×2=20

注：表中简图钢筋的两端均有180°弯钩。

3. Ⓐ、Ⓓ轴、⑦轴墙身(Q1)竖向筋计算

（1）计算参数（表 5-6）

表 5-6　Q1 竖向筋计算参数

参　数	值	出　处
墙保护层厚度 c	15mm	《11G101—1》第 54 页
l_{aE}	35d	《11G101—1》第 53 页
l_{lE}	$1.2l_{aE}$	《11G101—1》第 55 页
钢筋错开连接距离	500mm	《12G901—3》第 3-1 页
墙身竖向筋起步距离	竖向分布钢筋间距	《12G901—1》第 3-2 页

（2）基础内插筋长度（伸至基础底弯折 a）

底部弯折长度 a：根据《11G101—3》（第 58 页），竖直长度＝600－40＝560（mm）（基础厚度 600mm，基础保护层厚度 40mm），$l_{aE}=35d=35×12=420$（mm），基础地面至基础顶面高度 $>l_{aE}$，因此，$a=15d=180$（mm）。

① 基础内低位插筋长度＝180＋600－40＋1.2l_{aE}＋6.25d×2

$$＝180＋600－40＋1.2×420＋6.25×12×2＝1394（\text{mm}）。$$

1.2l_{aE} 为伸出基础的长度，墙身竖向钢筋为 HPB235 级，一级抗震时，端部加 180°弯钩。

钢筋的分段加工尺寸：

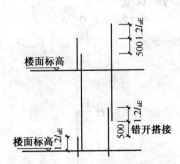

② 基础内高位插筋长度＝1394＋500＋1.2l_{aE}

$$＝1394＋500＋1.2×420$$

$$＝2398（\text{mm}）。（“500”为错开连接的高度）$$

钢筋的分段加工尺寸：

（3）一层、二层竖向筋长度（图 5-49）

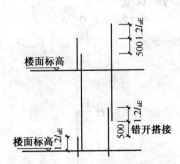

图 5-49　一层、二层竖向筋长度

① 一层、二层低位竖向筋长度＝3600＋1.2l_{aE}＋2×6.25d

$$＝3600＋1.2×35×12＋2×6.25×12＝4254（\text{mm}）。$$

钢筋的分段加工尺寸：

② 一层、二层高位竖向筋长度

$= 3600 - 1.2l_{aE} - 500 + 1.2l_{aE} + 500 + 1.2l_{aE} + 2 \times 6.25 \times 12 = 4254 (mm)$。

钢筋的分段加工尺寸：

4254

(4) 三层(顶层)竖向筋长度

顶层竖向筋长度,只计算下端180°弯钩。根据《12G901—1》(第3-9页),墙身竖向筋在顶部的锚固弯折长度为$12d$。

① 三层(顶层) 低位竖向筋长度 $= 3600 - 15 + 12d + 6.25d$

$$= 3600 - 15 + 12 \times 12 + 6.25 \times 12 = 3804 (mm)。$$

钢筋的分段加工尺寸：

144

3585

② 三层(顶层)高位竖向筋长度

$= 3600 - 1.2l_{aE} - 500 - 15 + 12d + 6.25d$

$= 3600 - 1.2 \times 35 \times 12 - 500 - 15 + 12 \times 12 + 6.25 \times 12$

$= 2800 (mm)。$

钢筋的分段加工尺寸：

144

2581

(5) 首层门底竖向钢筋

首层门底竖向钢筋长度

$= 600 - 40 + 15d + 950 - 15 + 12d + 2 \times 6.25d$

$= 600 - 40 + 15 \times 12 + 950 - 15 + 12 \times 12 + 2 \times 6.25 \times 12$

$= 1969 (mm)。$

钢筋的分段加工尺寸：

(6) Ⓐ、Ⓓ、⑦轴 Q1 竖向筋根数

根据《12G901—1》(第 3-4 页),墙竖向筋起步距离按竖向分布筋间距计算。

① Ⓐ、Ⓓ轴 Q1 竖向筋根数如图 5-50 所示。

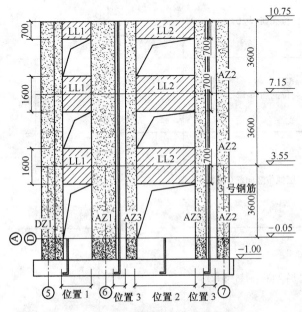

图 5-50　Ⓐ、Ⓓ轴 Q1 竖向筋根数

位置 1:根数＝(1500－2×200)/200＋1＝7(根)。

位置 2:根数＝(3000－2×200)/200＋1＝14(根)。

位置 3:根数＝(550－2×200)/200＋1＝2(根)。

Ⓐ、Ⓓ轴 Q1 竖向筋根数见表 5-7。

表 5-7　A、D 轴 Q1 竖向筋根数(参照图 5-50)

位置	名　称	简　图	根数	总根数
1	首层门底竖向钢筋(Φ12)	144 / 1495 / 180	7	14×2＝28

续表 5-7

位置	名　称	简　图	根数	总根数
2	首层门底竖向钢筋(Φ12)	144 1495 180	14	28×2＝56
3	基础内低位插筋(Φ12)	1064 180	1	2×2＝4
	基础内高位插筋(Φ12)	2068 180	1	2×2＝4
	一层、二层低位竖向筋(Φ12)	4254	1	2×2＝4
	一层、二层高位竖向筋(Φ12)	4254	1	2×2＝4
	三层(顶层)低位竖向筋(Φ12)	144 3585	1	2×2＝4
	三层(顶层)高位竖向筋(Φ12)	144 2581	1	2×2＝4

注:表中简图钢筋的两端均有 180°弯钩。

② ⑦轴 Q1 竖向筋根数如图 5-51 所示。

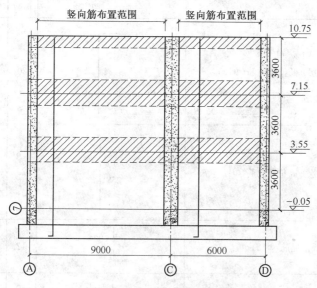

图 5-51 ⑦轴 Q1 竖向筋根数

Ⓐ～Ⓒ轴根数＝(6000＋3000－900－2×200)/200＋1＝40(根)。

Ⓒ～Ⓓ轴根数＝(6000－900－2×200)/200＋1＝25(根)。

⑦轴 Q1 竖向筋根数见表 5-8。

表 5-8 ⑦轴 Q1 竖向筋根数(参照图 5-51)

位置	名 称	简 图	根数	总根数
Ⓐ~Ⓒ轴	基础内低位插筋(Φ12)	1064 ⌐ 180	20	40
	基础内高位插筋(Φ12)	2218 ⌐ 180	20	40
	一层、二层低位竖向筋(Φ12)	4254	20	40
	一层、二层高位竖向筋(Φ12)	4254	20	40

续表 5-8

位置	名 称	简 图	根数	总根数
Ⓐ~Ⓒ轴	三层(顶层) 低位竖向筋(Φ12)	144　3585	20	40
	三层(顶层) 高位竖向筋(Φ12)	144　2581	20	40
Ⓒ~Ⓓ轴	基础内低位插筋(Φ12)	1064　180	12	24
	基础内高位插筋(Φ12)	2218　180	13	26
	一层、二层低位竖向筋(Φ12)	4254	12	24
	一层、二层高位竖向筋(Φ12)	4254	13	26
	三层(顶层) 低位竖向筋(Φ12)	144　3585	12	24
	三层(顶层) 高位竖向筋(Φ12)	144　2581	13	26

注:表中简图钢筋的两端均有 180°弯钩。

4. 拉筋计算

依据《12G901—1》(第3-22页),拉筋有梅花形排布和矩形排布两种方式,Ⓐ、Ⓓ、⑦轴墙身拉筋计算按矩形平行排布,如图5-52所示。

拉筋长度＝墙厚－2×混凝土保护层厚度＋2d＋2×11.9d

$\qquad$＝300－2×15＋2×6＋2×11.9×6＝425(mm)。

(1) Ⓐ、Ⓓ轴拉筋根数

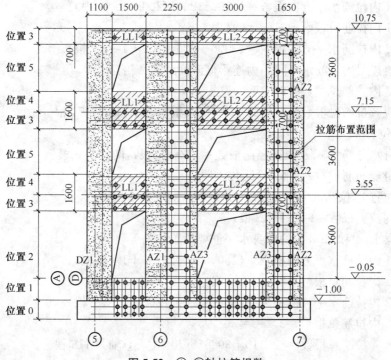

图 5-52　Ⓐ、Ⓓ轴拉筋根数

① 位置0。

墙身水平筋根数＝2根,拉筋竖向根数＝2根。

墙身竖向筋根数为7＋2＋14＋2＝25(根),拉筋横向根数＝25/2＝13(根)。

拉筋根数＝2×13＝26(根),Ⓐ、Ⓓ轴共52根。

② 位置1。

墙身水平筋根数＝5根,拉筋竖向根数＝5/2＝3(根)。

墙身竖向筋根数为7＋2＋14＋2＝25(根),拉筋横向根数＝25/2＝13(根)。

拉筋根数＝3×13＝39(根),Ⓐ、Ⓓ轴共78根。

③ 位置2。

墙身水平筋根数＝15根,拉筋竖向根数＝15/2＝8(根)。

墙身竖向根数＝2根(两处共4根),拉筋横向根数＝2/2＝1(根),两处共2根。

拉筋根数=8×1=8(根),两处 16 根,Ⓐ、Ⓓ轴共 32 根。

④ 位置 3。

墙身水平筋根数=5 根,拉筋竖向根数=5/2=3(根),3 处共 9 根。

墙身竖向根数=2 根,两处共 4 根。拉筋横向根数=2/2=1(根),两处共 2 根。

墙内拉筋根数=9×2=18(根)。

连梁 LL1 和 LL2 内的墙身水平筋要设置拉筋:

LL1 内拉筋水平方向根数=(1500−200)/200+1=8(根)。

LL1 内拉筋总根数=3×8=24(根)。

LL2 内拉筋水平方向根数=(3000−200)/200+1=15(根)。

(注:连梁内拉筋水平间距为连梁箍筋间距的 2 倍。)

LL2 内拉筋总根数=3×15=45(根)。

位置 3 拉筋总根数=18+24+45=87(根),Ⓐ、Ⓓ轴共 174 根。

⑤ 位置 4。

墙身水平筋=5 根,拉筋竖向根数=5/2=3(根),两处共 6 根。

墙身竖向筋根数=2 根,两处共 4 根。

同位置 3,拉筋横向根数=2/2=1(根),两处共 2 根。

墙内拉筋根数=6×2=12(根)。

连梁 LL1 和 LL2 内的墙身水平筋要设置拉筋:

LL1 内拉筋水平方向根数=(1500−200)/200+1=8(根)。

LL1 内拉筋总根数=2×8=16(根)。

LL2 内拉筋水平方向根数=(3000−200)/200+1=15(根)。

LL2 内拉筋总根数=2×15=30(根)。

位置 4 拉筋总根数=12+16+30=58(根),Ⓐ、Ⓓ轴共 116 根。

⑥ 位置 5。

墙身水平筋根数=10 根,拉筋竖向根数=10/2=5(根),两处共 10 根。

墙身竖向筋根数=2 根,拉筋横向根数=2/2=1(根),两处共 2 根。

拉筋根数=10×2=20(根),Ⓐ、Ⓓ轴共 40 根。

(2) ⑦轴拉筋根数

① 1 层拉筋根数。

墙身水平筋根数=2+5+15+5=27(根),拉筋竖向根数=27/2=14(根)。

墙身竖向筋根数=40+25=65(根),拉筋水平根数=65/2=33(根)。

拉筋总根数=14×33=462(根)。

② 2、3 层拉筋根数。

墙身水平筋根数=20 根,拉筋竖向根数=20/2=10(根)。

墙身竖向筋根数=40+25=65(根),拉筋水平根数=65/2=33(根)。

拉筋总根数＝10×33＝330(根)。

5. 墙柱箍筋根数计算

端柱纵筋的长度计算,见框架柱钢筋构造相关内容。暗柱纵筋的长度计算与墙身竖向筋计算相同。箍筋长度、箍筋根数计算,见框架柱钢筋构造相关内容。如暗柱 AZ3 箍筋根数计算如下。

基础内根数＝2 根。

基础顶面至首层根数＝(4550－50)/100＋1＝46(根)。

二、三层根数＝(3600－50)/100＋1＝37(根)。

箍筋根数＝2＋46＋2×37＝122(根)。

6. 墙梁钢筋计算

(1)连梁钢筋计算

① 顶部和底部纵筋。LL1 为端部洞口连梁,根据《12G901—1》(第 3-10 页),端部墙柱内锚固:伸至对边弯折15d;洞口一侧墙内:$\max(l_{aE},600)$,如图 5-53 所示。

中间层 LL1 顶部及底部纵筋长度

$$=1500+1100-30+15d+\max(l_{aE},600)$$

$$=1500+1100-30+15×22+\max(35×22,600)=3670(mm)。$$

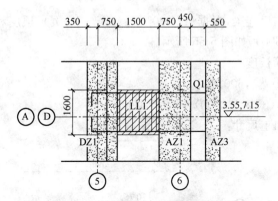

图 5-53　中间层 LL1 顶部及底部纵筋

钢筋的分段加工尺寸:

330 | 3340

顶层 LL1 纵筋长度,根据《11G101—1》(第 74 页),顶部钢筋伸至墙外侧纵筋内侧弯折15d,底部钢筋同样伸至墙外侧纵筋内侧弯折15d,如图 5-54 所示。

顶层 LL1 顶部纵筋长度

$$=1500+1100-15+15×22+\max(l_{aE},600)$$

$$=1500+1100-15+1.2×34×22+\max(35×22,600)=3670(mm)。$$

钢筋的分段加工尺寸：

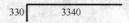

顶层 LL1 底部纵筋长度＝1500＋1100－15＋15×22＋max(35×22,600)

＝3670(mm)。

钢筋的分段加工尺寸：

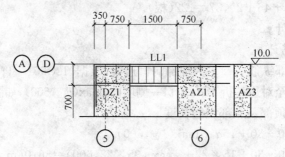

图 5-54　顶层 LL1 顶部及底部纵筋

LL2 为中间洞口连梁，根据《12G901—1》(第 3-10 页)，顶层和中间层相同，两端锚固 max(l_{aE},600)，如图 5-55 所示。

LL2 顶部纵筋长度

＝3000＋max(l_{aE},600)×2

＝3000＋max(35×22,600)×2＝4540(mm)。

钢筋的分段加工尺寸：

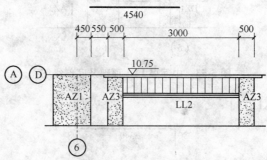

图 5-55　LL2 顶部纵筋

② 箍筋。

中间层 LL1、LL2 箍筋长度＝2b＋2h－8c－1.5d＋max(10d,75mm)×2

＝2×300＋2×1600－8×25－1.5×10＋10×10×2

＝3785(mm)。

钢筋的分段加工尺寸：

$$1600-2\times25+10=1560$$

$$300-2\times25+10=260$$

顶层 LL1、LL2 箍筋长度 $=2b+2h-8c-1.5d+\max(10d,75mm)\times2$

$$=2\times300+2\times700-8\times25-1.5\times10+10\times10\times2$$

$$=1985(mm)。$$

钢筋的分段加工尺寸：

$$700-2\times25+10=660$$

$$300-2\times25+10=260$$

中间层 LL1 箍筋根数 $=(1500-2\times50)/100+1=15(根)。$

中间层 LL2 箍筋根数 $=(3000-2\times50)/100+1=30(根)。$

根据《11G101—1》(第 74 页)，顶层 LL1 箍筋根数

$$=[(1500-2\times50)/100+1]+\{[\max(35\times22,600)-100]/100+1\}+$$

$$[350+750-30-100)/100+1]=15+8+11=34(根)。$$

根据《11G101—1》(第 74 页)，顶层 LL2 箍筋根数

$$=[(3000-2\times50)/100+1]+2\times\{[\max(35\times22,600)-100]/100+1\}$$

$$=30+2\times8=46(根)。$$

(2) 暗梁 AL 钢筋计算

根据《12G901—1》(第 3-15 页)，中间层暗梁纵筋端部构造与连梁相同，当暗梁与连梁重叠时，暗梁算至连梁边，纵筋与连梁纵筋搭接 l_{lE}，如图 5-56 所示。

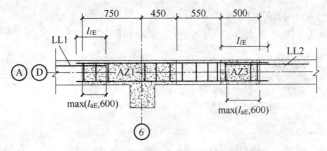

图 5-56 AL1 在Ⓐ、Ⓓ轴顶部及底部纵筋

① 暗梁 AL1 在Ⓐ、Ⓓ轴连梁 LL1 和 LL2 之间的顶部纵筋长度

$$=750+450+550+500-2\times\max(l_{aE},600)+2\times l_{lE}$$

$$=750+450+550+500-2\times\max(35\times22,600)+2\times1.2\times35\times22$$

$$=2558(mm)。$$

钢筋的分段加工尺寸:

$$\overline{2558}$$

箍筋长度$=2b+2h-8c-1.5d+\max(10d,75\text{mm})\times2$

$=2\times300+2\times500-8\times25-1.5\times10+10\times10\times2=1585(\text{mm})$。

钢筋的分段加工尺寸:

500$-2\times25+10=460$

300$-2\times25+10=260$

中间层箍筋根数$=(750+450+550+500-2\times50)/150+1=16(根)$,布置到连梁箍筋边。

顶层箍筋根数$=[750+450+550+500-2\times\max(35\times22,600)-2\times50]/150+1$

$=6(根)$。

② ⑦轴暗梁。

根据《12G901—1》(第3-15页),⑦轴暗梁的纵筋在转角处及端部锚固与墙身水平筋相同;构造与LL连接处相同。AL与LL重叠处,AL箍筋布置至连梁箍筋旁边;其余位置AL箍筋在AL净长范围内布置,⑦轴暗梁如图5-57所示。

⑦轴暗梁的中间层箍筋根数

$=2\times[(500+550-100)/150+1]+(6000\times$

$2+3000-4\times450)/150+1$

$=105(根)$。

⑦轴暗梁的顶层箍筋根数

$=2\times[500+550-\max(35\times22,600)-100]/$

$150+1+(6000\times2+3000-4\times450)/150+1$

$=95(根)$。

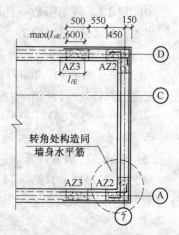

图 5-57 ⑦轴暗梁纵筋

第六章 板钢筋的算量

第一节 板钢筋的构造

一、板底钢筋的构造

1. 板底筋端部锚固构造

图 6-1 为板平法施工图。板底筋端部锚固构造要点如下。

① 依据《12G901—1》（第 4-2 页），板底筋端部锚固长度：梁（框架梁、次梁、圈梁）、剪力墙≥5d 且至少到支座中线；砖墙 max[≥120，≥h（板厚），≥墙厚/2]，如图 6-2 所示。

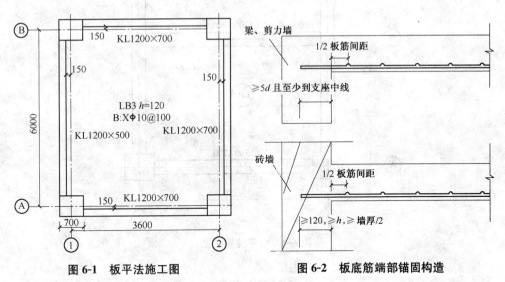

图 6-1　板平法施工图　　　　图 6-2　板底筋端部锚固构造

② 依据《11G101—1》（第 92 页），板底筋布置到支座边，钢筋起步距离为距支座边 1/2 板筋间距，如图 6-2 所示。

③ 板底筋若为一级光圆钢筋，两端加 180°弯钩，弯钩长度为 6.25d（板底筋为受拉钢筋），如图 6-3 所示。

2. 板底筋中间支座锚固构造

图 6-4 为板平法施工图。板底筋中间支座锚固构造要点如下。

① 依据《12G901—1》（第 4-2 页），板底筋中间支座锚固与端部锚固相同，梁

（框架梁、次梁、圈梁）、剪力墙、砌体墙均≥5d 且至少到支座中线，如图 6-5 所示。

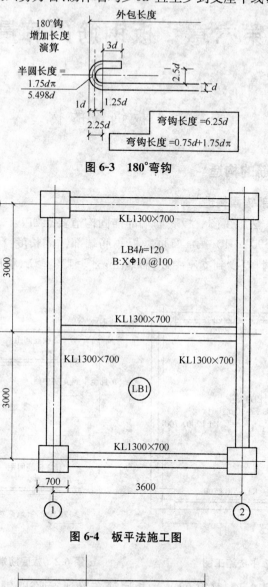

图 6-3 180°弯钩

图 6-4 板平法施工图

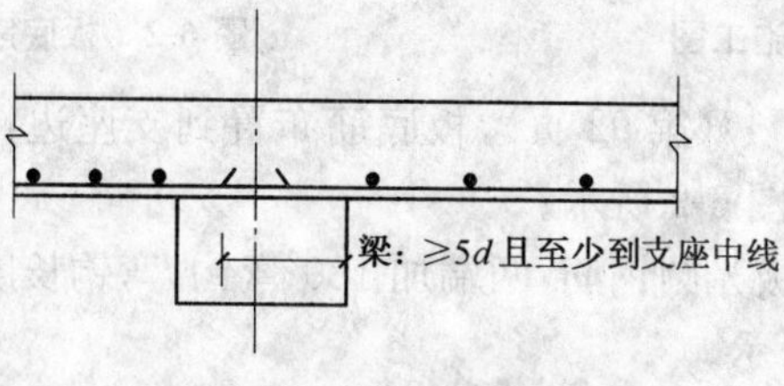

图 6-5 板底筋中间支座锚固

② 依据《11G101—1》(第 92 页)，板底筋按"板块"分别锚固，没有板底贯通筋，如图 6-6 所示。

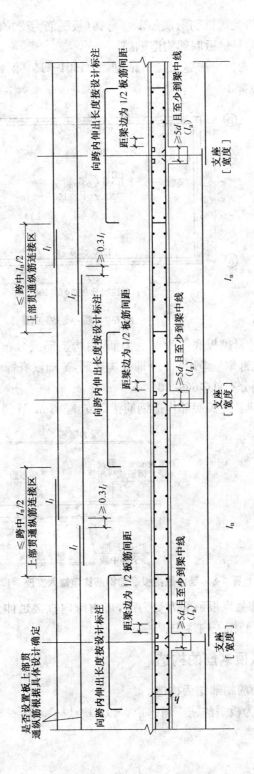

图 6-6　现浇板钢筋构造

③ 一级光圆钢筋两端加 180°弯钩(板底筋为受拉钢筋)。

3. 延伸悬挑板底部构造钢筋

图 6-7 为板平法施工图。依据《12G901—1》(第 4-21 页),延伸悬挑板底部钢筋构造要点如下。

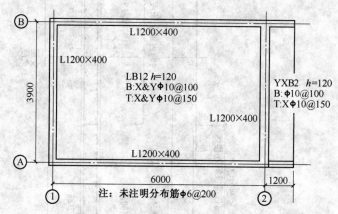

图 6-7 板平法施工图

① 延伸悬挑板底部为非受力筋,由构造筋或分布筋组成。本例中,延伸悬挑板标注的底部钢筋φ10@100 即为构造筋,Y 向没有标注钢筋,通过文字注解,可以看到是采用分布筋φ6@200。

② 延伸悬挑板底部构造钢筋锚入支座≥12d 且到支座中线,如图 6-8 所示。

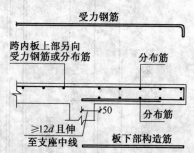

图 6-8 延伸悬挑板底部钢筋构造锚入支座≥12d 且到支座中线

③ 延伸悬挑板顶部为受力筋,可由跨内直接延伸到悬挑板,顶部受力筋构造在后续板顶筋相关内容中叙述。

二、板顶钢筋的构造

1. 板顶筋端部锚固构造

图 6-9 为板平法施工图。依据《12G901—1》(第 4-2 页),板顶筋端部锚固构造要点如下。

① 板顶筋在砌体支座的锚固构造。依据《12G901—1》(第 4-2 页)，端部制作为砌体墙的圈梁时，板顶筋伸入支座 $0.35l_{ab}$(铰链)、$0.6l_{ab}$ 弯折，弯折长度为 $15d$，如图 6-10a 所示。端部制作为砌体墙时，板顶筋伸入支座 $0.35l_{ab}$ 弯折，弯折长度为 $15d$，如图 6-10b 所示。端部支座为钢筋混凝土墙体时，板顶筋伸入支座 $0.4l_{ab}$ 弯折，弯折长度为 $15d$，如图 6-11 所示。端部支座为梁时，板顶筋伸入支座 $0.35l_{ab}$(铰链)、$0.6l_{ab}$ 弯折，弯折长度为 $15d$，如图 6-12 所示。

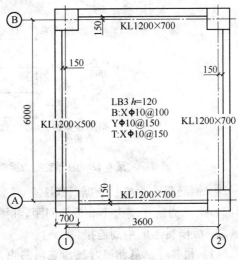

图 6-9　为板平法施工图

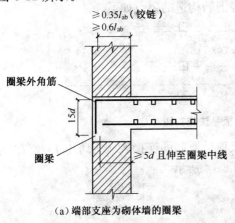

(a) 端部支座为砌体墙的圈梁

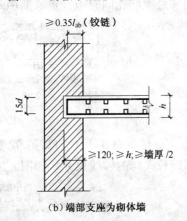

(b) 端部支座为砌体墙

图 6-10　端部支座为砌体墙时板顶筋端部锚固构造

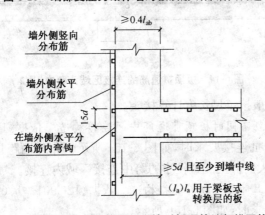

图 6-11　端部支座为钢筋混凝土墙时板顶筋端部锚固构造

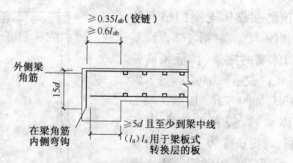

图 6-12 端部支座为梁时板顶筋端部锚固构造

② 钢筋起步距离。依据《11G101—1》(第 92 页),板顶钢筋布置到支座边,钢筋起步距离为距支座边 1/2 板筋间距,如图 6-6 所示。

2. 板顶贯通筋中间连接

(1) 相邻跨配筋相同时板顶贯通筋中间连接构造 图 6-13 为板平法施工图。相邻跨配筋相同时板顶贯通筋中间连接钢筋构造的要点如下。

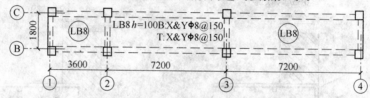

图 6-13 板平法施工图

① 依据《11G101—1》(第 92 页),板顶贯通筋的连接区域为跨中 $l_n/2$(l_n 为相邻跨较大跨的轴线尺寸),如图 6-6 和图 6-14 所示。

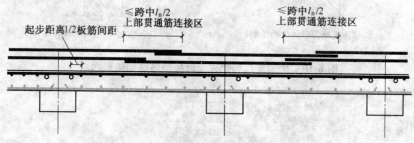

图 6-14 板顶贯通筋的连接区域为跨中 $l_n/2$

② 算量时,一般按定尺长度计算接头。

(2) 相邻跨配筋不同时板顶贯通筋中间连接构造 依据《12G901—1》(第 4-5 页),当短跨满足两批连接要求时,如图 6-15a 所示。相邻两跨板顶贯通筋配置不同时,应将配置较大的伸至配置较小的跨中连接区域内连接。

(3) 不等跨板上部贯通纵筋连接构造 依据《12G901—1》(第 4-5 页),当短跨不满足两批连接要求时,如图 6-15b 所示。

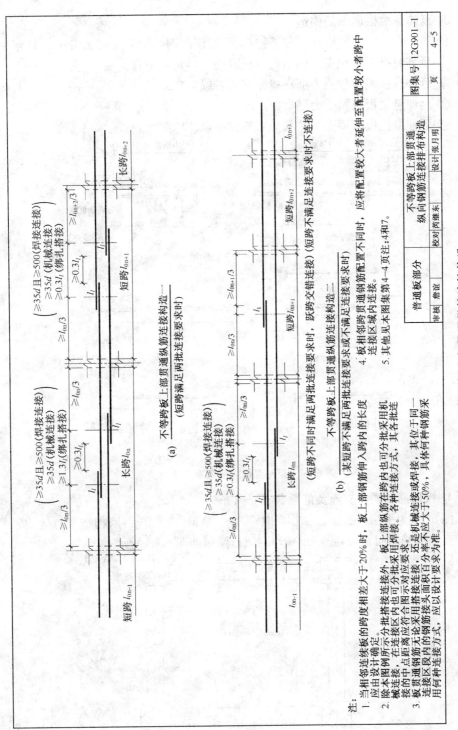

图 6-15 不等跨板上部贯通纵筋连接构造

注:
1. 当相邻连续板的跨度相差大于20%时,板上部贯通纵筋的长度应由设计确定。
2. 除本图例所示分批搭接连接外,板上部纵筋在跨内也可分批采用机械连接,在连接区内也可分批采用焊接。各种连接方式,各应符合图示对应要求。
3. 板贯通纵筋无论采用搭接连接,还是机械连接或焊接,其在同一连接区段内的钢筋接头百分率应不应大于50%,具体采用何种连接方式,应以设计要求为准。

3. 延伸悬挑板顶部筋构造

依据《11G101—1》(第 95 页),延伸悬挑板顶部钢筋构造要点如图 6-16 所示。

① 延伸悬挑板板顶受力筋由跨内板顶筋直接延伸至悬挑端。

② 延伸悬挑板板顶受力筋在梁角筋内弯锚≥$15d$。

③ 延伸悬挑板板顶受力筋直锚≥l_a。

④ 延伸悬挑板板顶受力筋的分布筋详见设计标注。

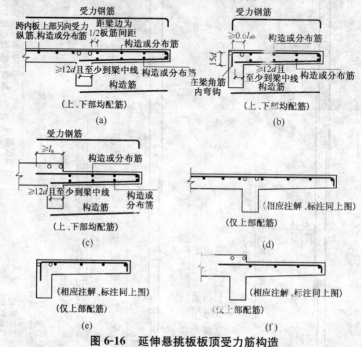

图 6-16 延伸悬挑板板顶受力筋构造

4. 板顶筋和同向支座负筋重叠,隔一布一

图 6-17 为平法施工图。依据《11G101—1》(第 40 页),钢筋构造要点为:板顶筋和支座负筋同向重叠,隔一布一,并各自计算,如图 6-18 所示。

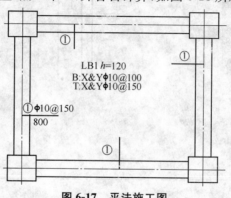

图 6-17 平法施工图

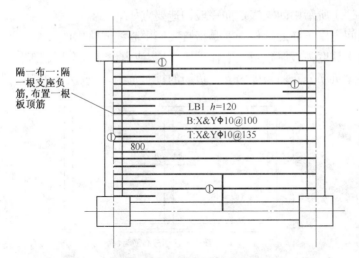

图 6-18　板顶筋和支座负筋同向重叠,隔一布一

5. 板顶筋和支座负筋相互替代对方分布筋

板顶筋和支座负筋相互替代对方分布筋,支座负筋和板顶筋垂直相交。相互替代对方的分布筋,如图 6-19 所示的⑥号支座负筋和 LB2 板顶 X 向钢筋。

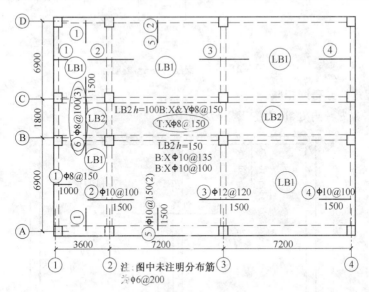

图 6-19　平法施工图

三、支座负筋的构造

1. 中间支座负筋一般构造

图 6-20 为中间支座负筋一般构造的平法施工图,依据《12G901—1》(第 4-7

页),如图 6-21 所示中间支座负筋一般构造要点如下。

① 中间支座负筋的延伸长度是指自支座中心线向跨内的长度。

② 弯折长度为板厚减板上下保护层厚度,或由设计方会同施工方确定。

③ 支座负筋分布筋长度为支座负筋的排布范围;根数从梁边起步排布。

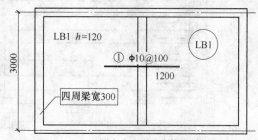

图中未注明分布筋为φ6@200

图 6-20   平法施工图

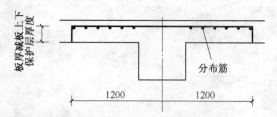

图 6-21   中间支座负筋一般构造

2. 转角处分布筋扣减

图 6-22 为转角处分布筋扣减平法施工图。

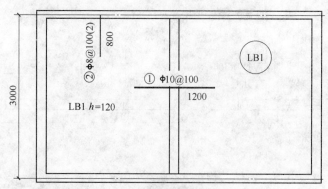

图中未注明分布筋为φ6@200

图 6-22   平法施工图

依据《12G901—1》(第 4-10 页),转角处钢筋构造要点为:两向支座负筋相交的转角处,两向支座负筋已经形成交叉钢筋网,其各自的分布筋在转角位置切断,与另一个方向的支座负筋构造搭接,搭接长度取 150mm。

3. 板顶筋替代支座负筋分布筋

板顶筋替代支座负筋分布筋,如图 6-23 所示。钢筋构造要点为:板顶筋和支座负筋交叉,板顶筋替代支座负筋分布筋。

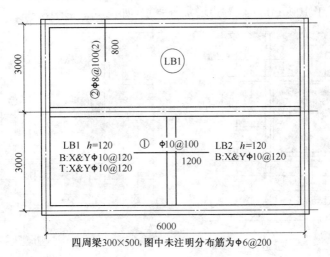

四周梁300×500,图中未注明分布筋为Φ6@200

图 6-23 平法施工图

四、其他钢筋

1. 板开洞

板开洞钢筋构造如图 6-24 所示。钢筋构造要点如下。

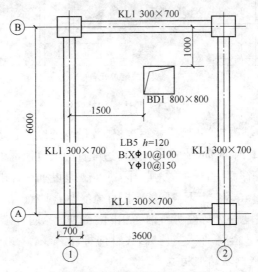

图 6-24 板开洞平法施工图

（1）洞口补强筋

① 依据《11G101—1》（第 101 页），当板矩形洞口边长或圆形洞口直径不大于 300mm 时，受力钢筋绕过空顶洞，不另设补强筋。

② 依据《11G101—1》（第 102 页），当板矩形洞口边长或圆形洞口直径大于 300mm，但小于 1000mm 时，洞边增加补强筋，如图 6-25 所示。

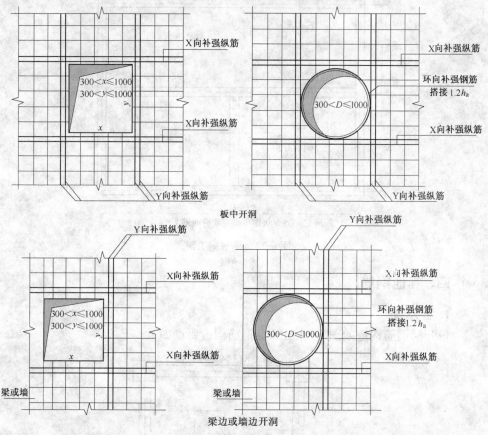

图 6-25　洞边增加补强筋

③ 当设计注写补强钢筋时，应注写规格、数量与长度补强。

④ 当设计未注写时，X 向、Y 向分别按每边配置两根直径不小于 12mm，且不小于同向被切断纵向钢筋截面积的 50% 补强，补强筋与被切断筋布置在同一层面，两根补强筋之间的净距为 30mm；环向上下各配置一根直径不小于 10mm 的钢筋补强。

⑤ 补强筋的强度等级与被切断钢筋相同。X 向、Y 向补强筋伸入支座的锚固方式同板中钢筋相同；当不伸入支座时，设计应标注。

（2）洞边被切断钢筋端部构造

① 只有板底筋。依据《11G101—1》（第 102 页），只有板底筋时，洞边被切断钢

筋端部构造,如图 6-26 所示。

②双层配筋。依据《11G101—1》(第 102 页),双层配筋时,洞边被切断钢筋端部构造,如图 6-27 所示。

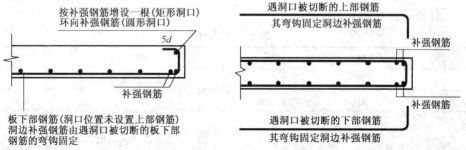

图 6-26　只有板底筋洞边被切断钢筋端部构造　　**图 6-27　双层配筋洞边被切断钢筋端部构造**

2.温度筋、悬挑阴角补充加强筋

当板跨度较大,板厚较厚,没有配置板顶受力筋时,为防止板混凝土受温度变化发生开裂,在板顶部设置温度构造筋,两端与支座负筋连接。温度筋的设置由设计标注,悬挑阴角补充附加钢筋。

第二节　板的施工图及其钢筋的算量实例

一、板施工图实例

本实例为完整的一层楼的现浇板平法施工图(有梁板),如图 6-28 所示,各轴线居中,梁宽均为 300mm,未注明分布筋为Φ6@250。

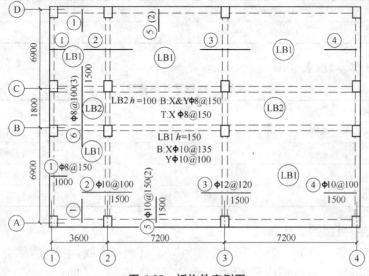

图 6-28　板构件实例图

二、板钢筋的算量实例

1. 计算条件

计算条件见表 6-1。

表 6-1   计算条件

计算条件	值
抗震等级	板为非抗震构件
混凝土强度	C30
纵筋连接方式	板顶筋：绑扎搭接 板底筋：分跨锚固
钢筋定尺长度	9000mm

2. 实例图分析

（1）板构件划分   如图 6-28 所示，此实例是按《11G101—1》制图规则设计的平法施工图，按板块进行编号，相同配置的板编为同一编号。在钢筋计算过程中，虽为同一编号，但板块的尺寸不同，要分别计算，因此，这里再将各个板块和位置进行整理，见表 6-2。

表 6-2   实例图分析

板块编号整理	位置说明	板块编号整理	位置说明
LB1	①~②轴/Ⓐ~Ⓑ轴板	LB1~5	③~④轴/Ⓒ~Ⓓ轴板
LB1-1	②~③轴/Ⓐ~Ⓑ轴板	①~②轴 LB2	①~②轴/Ⓑ~Ⓒ轴板
LB1-2	③~④轴/Ⓐ~Ⓑ轴板	②~③轴 LB2	②~③轴/Ⓑ~Ⓒ轴板
LB1-3	①~②轴/Ⓒ~Ⓓ轴板	③~④轴 LB2	③~④轴/Ⓑ~Ⓒ轴板
LB1-4	②~③轴/Ⓒ~Ⓓ轴板		

（2）计算参数（表 6-3）

表 6-3   板钢筋计算参数

参　　数	值	出　　处
墙、板保护层厚度	15mm	《11G101—1》第 54 页
l_a	$30d$	《11G101—1》第 53 页
l_l	$1.2l_a$	《11G101—1》第 53 页
起步距离	1/2 钢筋间距	《11G101—1》第 92 页

3. 板底、板顶钢筋计算

（1）板底钢筋计算   板底筋锚固长度≥$5d$ 且到梁中线，本例中，梁宽 300mm，到梁中线均大于 $5d$，故都按锚至轴线；钢筋起步距离为 1/2 间距。

① LB1、LB1-3 板底筋 X 向。

长度＝3600＋2×6.25×10＝3725(mm)。

钢筋的分段加工尺寸：⌐‾‾‾‾‾‾‾3600‾‾‾‾‾‾‾⌐

根数＝(6900－2×150－135)/135＋1＝49(根)。

② LB1、LB1-3 板底筋 Y 向。

长度＝6900＋2×6.25×10＝7025(mm)。

钢筋的分段加工尺寸：⌐‾‾‾‾‾‾‾6900‾‾‾‾‾‾‾⌐

根数＝(3600－2×150－100)/100＋1＝33(根)。

③ LB1-1、LB1-2、LB1-4、LB1-5 板底 X 向。

长度＝7200＋2×6.25×10＝7325(mm)。

钢筋的分段加工尺寸：⌐‾‾‾‾‾‾‾7200‾‾‾‾‾‾‾⌐

根数＝(6900－2×150－135)/135＋1＝49(根)。

④ LB1-1、LB1-2、LB1-4、LB1-5 板底 Y 向。

长度＝6900＋2×6.25×10＝7025(mm)。

钢筋的分段加工尺寸：⌐‾‾‾‾‾‾‾6900‾‾‾‾‾‾‾⌐

根数＝(7200－2×150－100)/100＋1＝69(根)。

⑤ ①～②轴 LB2 板底筋 Y 向。

长度＝1800＋2×6.25×8＝1900(mm)。

钢筋的分段加工尺寸：⌐‾‾‾‾‾‾‾1800‾‾‾‾‾‾‾⌐

根数＝(3600－2×150－150)/150＋1＝22(根)。

⑥ ①～②轴 LB2 板底筋 X 向。

长度＝3600＋2×6.25×8＝3700(mm)。

钢筋的分段加工尺寸：⌐‾‾‾‾‾‾‾3600‾‾‾‾‾‾‾⌐

根数＝(1800－2×150－150)/150＋1＝10(根)。

⑦ ②～③轴、③～④轴 LB2 板底筋 Y 向。

长度＝1800＋2×6.25×8＝1900(mm)。

根数＝(7200－2×150－150)/150＋1＝46(根)。

钢筋的分段加工尺寸：⌐‾‾‾‾‾‾‾1800‾‾‾‾‾‾‾⌐

⑧ ②～③轴、③～④轴 LB2 板底筋 X 向。

长度＝7200＋2×6.25×8＝7300(mm)。

根数＝(1800－2×150－150)/150＋1＝10(根)。

钢筋的分段加工尺寸：⌐‾‾‾‾‾‾‾7200‾‾‾‾‾‾‾⌐

（2）板顶钢筋计算

LB2 板顶无 Y 向受力筋，由⑥号支座负筋替代其分布筋。

LB2 板顶 X 向筋长度＝$7200×2＋3600＋2×[(150-30)＋15d]＋2×6.25d$

$＝7200×2＋3600＋2×[(150-30)＋15×8]＋2×6.25×8$

$＝18580(mm)$。

式中，30 为混凝土梁保护层厚度。

搭接数量＝$18580/9000-1＝2(个)$。

钢筋的分段加工尺寸：$_{120}$⌐‾‾‾‾‾‾‾‾^{18240}‾‾‾‾‾‾‾⌐$_{120}$

根数＝$(1800-2×150-150)/150＋1＝10(根)$。

4. 支座负筋计算

（1）①轴/Ⓐ～Ⓑ轴、①轴/Ⓒ～Ⓓ轴

① 支座负筋。端支座负筋，本例按伸到梁对边下弯，1000 是指支座中心线向跨内的延伸长度。

长度＝$1000＋150-30＋2×(150-15×2)＝1360(mm)$。

钢筋的分段加工尺寸：$_{120}$⌐‾‾‾‾‾^{1120}‾‾‾‾⌐$_{120}$

根数＝$(6900-300-2×75)/150＋1＝44(根)$。

② 支座负筋分布筋。分布筋两端与另一方向梁上的支座负筋搭接。

长度＝$6900-1000-1500＋2×150＝4700(mm)$。

钢筋的分段加工尺寸：‾‾‾‾‾^{4700}‾‾‾‾‾

根数＝$(1000-150-125)/250＋1＝4(根)$。

（2）②轴/Ⓐ～Ⓑ轴、②轴/Ⓒ～Ⓓ轴

① 支座负筋。

长度＝$1500×2＋2×(150-15×2)＝3240(mm)$。（1500 是指支座中心线向跨内的延伸长度）

钢筋的分段加工尺寸：$_{120}$⌐‾‾‾‾‾^{3000}‾‾‾‾⌐$_{120}$

根数＝$(6900-300-2×50)/100＋1＝66(根)$。

② 支座负筋分布筋。分布筋两端与另一方向梁上的支座负筋搭接。

左侧分布筋长度＝$6900-1000-1500＋2×150＝4700(mm)$。

右侧分布筋长度＝$6900-1500-1500＋2×150＝4200(mm)$。

钢筋的分段加工尺寸：

左侧分布筋 ‾‾‾‾^{4700}‾‾‾‾　　右侧分布筋 ‾‾‾‾^{4200}‾‾‾‾

一侧根数＝$(1500-150-125)/250＋1＝6(根)$。

两侧根数＝2×6＝12(根)。

(3) ③轴/Ⓐ～Ⓑ轴、③轴/Ⓒ～Ⓓ轴

① 支座负筋。

长度＝1500×2＋2×(150－15×2)＝3240(mm)。(1500 是指支座中心线向跨内的延伸长度)

钢筋的分段加工尺寸：120 |‾‾‾‾3000‾‾‾‾| 120

根数＝(6900－300－2×60)/120＋1＝55(根)。

② 支座负筋分布筋。分布筋两端与另一方向梁上的支座负筋搭接。

分布筋长度＝6900－1500－1500＋2×150＝4200(mm)。

钢筋的分段加工尺寸：_____4200_____

一侧根数＝(1500－150－125)/250＋1＝6(根)。

两侧根数＝2×6＝12(根)。

(4) ④轴/Ⓐ～Ⓑ轴、④轴/Ⓒ～Ⓓ轴

① 支座负筋。端支座负筋,本例按伸到梁外边下弯,1500 是指支座中心线向跨内的延伸长度。

长度＝1500＋150－30＋2×(150－15×2)＝1860(mm)。

钢筋的分段加工尺寸：120 |‾‾‾‾1620‾‾‾‾| 120

根数＝(6900－300－2×50)/100＋1＝66(根)。

② 支座负筋分布筋。分布筋两端与另一方向梁上的支座负筋搭接。

长度＝6900－1500－1500＋2×150＝4200(mm)。

钢筋的分段加工尺寸：_____4200_____

根数＝(1500－150－125)/250＋1＝6(根)。

(5) Ⓐ轴/①～②轴、Ⓓ轴/①～②轴

① 支座负筋。端支座负筋,本例按伸到梁外边下弯,1000 是指支座中心线向跨内的延伸长度。

长度＝1000＋150－30＋2×(150－15×2)＝1360(mm)。

钢筋的分段加工尺寸：120 |‾‾‾‾1120‾‾‾‾| 120

根数＝(3600－300－2×50)/150＋1＝23(根)。

② 支座负筋分布筋。分布筋两端与另一方向梁上的支座负筋搭接。

长度＝3600－1000－1500＋2×150＝1400(mm)。

钢筋的分段加工尺寸：_____1400_____

根数=(1000－150－125)/250＋1=4(根)。

(6) Ⓐ轴/②～③轴、Ⓐ轴/③～④轴、Ⓓ轴/②～③轴、Ⓓ轴/③～④轴

① 支座负筋。端支座负筋,本例按伸到梁外边下弯,1500是指支座中心线向跨内的延伸长度。

长度=1500＋150－30＋2×(150－15×2)=1860(mm)。

钢筋的分段加工尺寸:120 ⌐‾‾‾‾‾1620‾‾‾‾‾⌐ 120

根数=(7200－300－2×75)/150＋1=46(根)。

② 支座负筋分布筋。分布筋两端与另一方向梁上的支座负筋搭接。

长度=7200－1500－1500＋2×150=4500(mm)。

钢筋的分段加工尺寸:_____4500_____

根数=(1500－150－125)/250＋1=6(根)。

(7) Ⓑ轴/Ⓒ轴跨板支座负筋

① 支座负筋。

长度=1800＋1500×2＋2×(150－15×2)=5040(mm)。

(1500是指支座中心线向跨内的延伸长度)

钢筋的分段加工尺寸:120 ⌐‾‾‾‾‾4800‾‾‾‾‾⌐ 120

根数=(7200×2＋3600－600－300－2×50)/100＋1=171(根)。

② 支座负筋分布筋。分布筋两端与另一方向梁上的支座负筋搭接。

①～②轴分布筋长度=3600－1500－1000＋2×150=1400(mm)。

钢筋的分段加工尺寸:_____1400_____

②～③、③～④轴分布筋长度=7200－1500－1500＋2×150=4500(mm)。

钢筋的分段加工尺寸:_____4500_____

分布筋根数:中间1800宽度范围内没有分布筋,因为该位置板顶筋和支座负相互交叉,相互替代对方的分布筋。

中间1800宽度范围一侧根数=(1500－150－125)/250＋1=6(根)。

两侧根数=2×6=12(根)。

第七章 筏形基础钢筋的算量

第一节 基础主梁(JZL)钢筋构造

一、基础主梁底部贯通筋构造

1. 端部无外伸构造

基础主梁无外伸，底部贯通纵筋构造如图 7-1 所示，依据《11G101—3》(第 73 页)，钢筋构造要点为：梁包柱侧腋尺寸为 50mm；伸至尽端钢筋内侧部弯折 $15d$，顶部贯通筋伸至尽端的直线长度 $\geqslant l_a$ 时可不弯折，底部贯通筋伸至尽端钢筋内侧部弯折 $15d$，且水平段的直线长度 $\geqslant 0.4l_{ab}$。

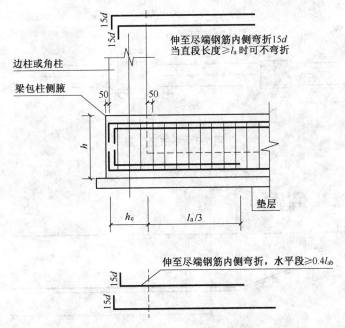

图 7-1 基础主梁端部无外伸底部贯通纵筋构造

2. 等截面外伸

基础主梁等截面外伸，底部贯通纵筋构造如图 7-2 所示，依据《11G101—3》(第 73 页)，钢筋构造要点为：伸至外伸尽端弯折 $12d$。

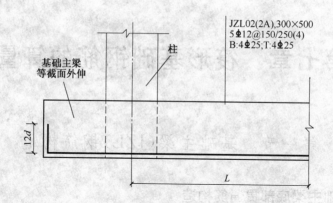

图 7-2　基础主梁等截面外伸底部贯通纵筋构造

3. 变截面外伸

基础主梁变截面外伸(梁顶一平),底部贯通纵筋构造如图 7-3 和图 7-4 所示,依据《11G101—3》(第 73 页),钢筋构造要点为:伸至外伸尽端弯折 12d;在外伸段按斜长计算。

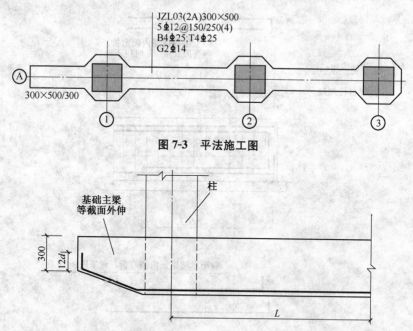

图 7-3　平法施工图

图 7-4　基础主梁变截面外伸(梁顶一平)底部贯通纵筋构造

4. 梁底有高差

基础主梁梁底有高差底部贯通纵筋构造如图 7-5 和图 7-6 所示,依据《11G101—3》(第 74 页),钢筋构造要点为:梁底高差坡度,根据场地可取 30°、45°、

60°,计算钢筋时可按45°取值;注意l_a的起算位置(图7-6)。

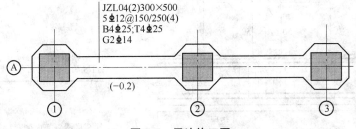

图 7-5 平法施工图

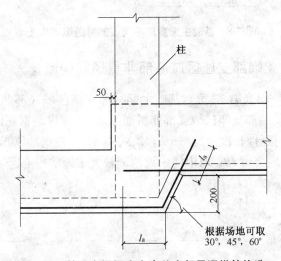

图 7-6 基础主梁梁底有高差底部贯通纵筋构造

5. 梁宽度不同

基础主梁宽度不同,底部贯通纵筋构造如图 7-7 和图 7-8 所示,依据《11G101—3》(第74页),钢筋构造要点为:伸至尽端钢筋内侧部弯折$15d$,顶部贯通筋伸至尽端的直线长度$\geqslant l_a$时可不弯折,底部贯通筋伸至尽端的直线长度$\geqslant 0.4l_{ab}$(图7-8)。

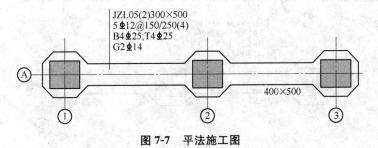

图 7-7 平法施工图

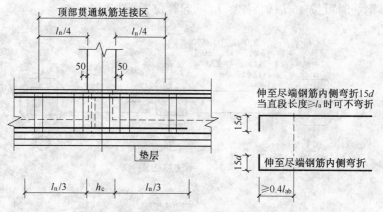

图 7-8 基础主梁宽度不同底部贯通纵筋构造

二、基础主梁端部支座区域底部非贯通筋构造

依据《11G101—3》(第 73 页),基础主梁端部支座区域底部非贯通筋构造如图 7-9 所示,基础主梁端部支座区域底部非贯通纵筋,伸至尽端钢筋内侧弯折 $15d$,自支座中心线向跨内延伸长度 $\geqslant l_n/3 + h_c/2$(式中 h_c 为柱宽)。端部边跨时,l_n 取本跨中心跨度;中柱底部时,l_n 取中柱中线两侧较大一跨的中心跨度。

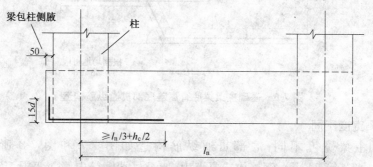

图 7-9 基础主梁端部(支座)区域底部非贯通纵筋延伸长度

1. 端部无外伸(情况一)

基础主梁无外伸,端部底部非贯通纵筋构造如图 7-10 和图 7-11 所示。钢筋构

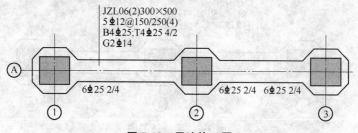

图 7-10 平法施工图

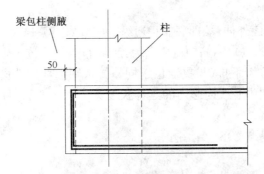

图7-11　基础主梁无外伸端部底部非贯通纵筋构造(情况一)

造要点为：当顶部有两排钢筋时，基础主梁底部端部第二排非贯通筋与顶部第二排钢筋成对连通；从柱中心线向跨内的延伸长度为$l_n/3+h_c/2$(h_c为柱宽)。

2. 端部无外伸(情况二)

基础主梁无外伸，端部底部非贯通纵筋构造如图7-12和图7-13所示。钢筋构造要点为：当顶部只有一排钢筋时，基础主梁底部端部第二排非贯通筋伸至端部弯折$15d$；从柱中心线向跨内的延伸长度为$l_n/3+h_c/2$(h_c为柱宽)。

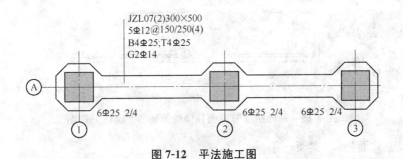

图7-12　平法施工图

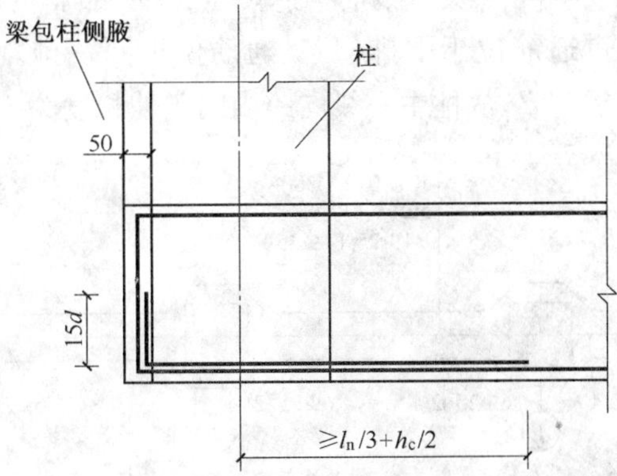

图7-13　基础主梁无外伸端部底部非贯通纵筋构造(情况二)

3. 等截面外伸

基础主梁等截面外伸,端部底非贯通纵筋构造如图 7-14 和图 7-15 所示。依据《11G101—3》(第 73 页),钢筋构造要点为:底部非贯通筋位于上排,则伸至端部截断;底部非贯通筋位于下排(与贯通位于同一排),则端部构造同贯通筋,伸至外伸尽端弯折 $12d$;从柱中心线向跨内的延伸长度为 $l_n/3+h_c/2$ 且 $\geqslant l'_n$(l'_n 为基础梁外伸距离)。

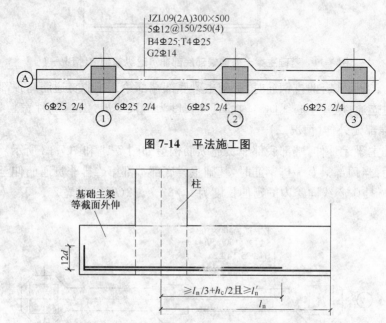

图 7-14　平法施工图

图 7-15　基础主梁等截面外伸端部底非贯通纵筋构造

4. 变截面外伸(梁顶一平)

基础主梁变截面外伸(梁顶一平),端部底非贯通纵筋构造如图 7-16 和图 7-17。依据《11G101—3》(第 73 页),钢筋构造要点为:底部非贯通筋位于上排,则伸至端部截断;底部非贯通筋位于下排(与贯通筋位于同一排),则端部构造同贯通筋,伸至外伸尽端弯折 $12d$;从柱中心线向跨内的延伸长度为 $l_n/3+h_c/2$ 且 $\geqslant l'_n$。

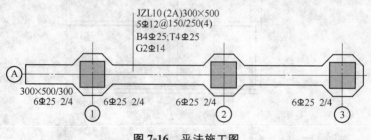

图 7-16　平法施工图

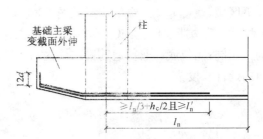

图 7-17　基础主梁变截面外伸(梁顶一平)底部非贯通纵筋构造

5. 中间柱下区域

基础主梁中间柱下区域,底部非贯通纵筋构造如图 7-18 和图 7-19 所示。依据《11G101—3》(第 71 页),钢筋构造要点为:从柱外侧向跨内的延伸长度为 $l_n/3$,底部非贯通纵长度$=l_n/3 \times 2 + h_c$。

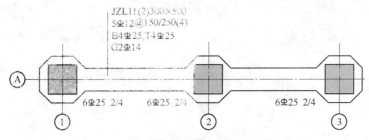

图 7-18　平法施工图

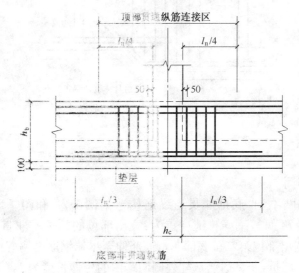

图 7-19　基础主梁中间柱下区域底部非贯通纵筋构造

6. 梁底有高差

基础主梁中间柱下区域,底部非贯通纵筋构造如图7-20和图7-21所示。依据《11G101—3》(第74页),钢筋构造要点为:低位位于第一排、二排的底部非贯通筋构造与底部贯通筋构造相同;高位底部非贯通筋锚入柱内与贯通筋构造相同,非贯通筋从柱外侧向跨内的延伸长度为 $l_n/3$。

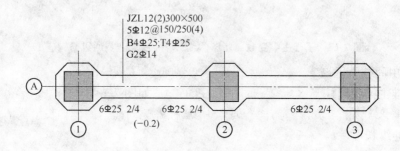

图 7-20　平法施工图

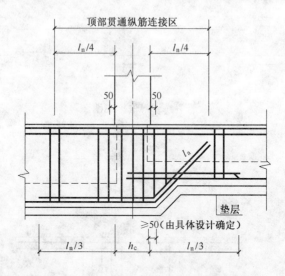

图 7-21　基础主梁变截面底部非贯通纵筋构造

7. 梁宽度不同

基础主梁宽度不同,底部非贯通纵筋构造如图7-22和图7-23所示。依据《11G101—3》(第74页),钢筋构造要点为:宽出部位的第一排非贯通筋和底部贯通筋构造相同,宽出部位第二排底部非贯通筋伸至尽端钢筋内侧弯折 $15d$,当直锚长度 $\geqslant l_a$ 时可不弯折,非贯通筋从柱外侧向跨内的延伸长度为 $l_n/3$。

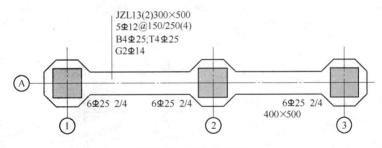

图 7-22　平法施工图

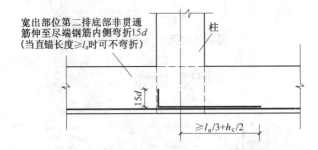

图 7-23　基础主梁宽度不同底部非贯通纵筋构造

三、基础主梁顶部贯通筋构造

1. 端部无外伸

基础主梁无外伸,顶部贯通纵筋构造如图 7-24 和图 7-25 所示。依据《11G101—3》(第 73 页),钢筋构造要点为:伸至端部弯折 $15d$,当直锚长度$\geqslant l_a$ 时可不弯折;梁包柱侧腋尺寸为 50mm。

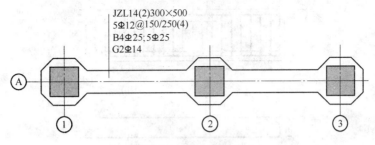

图 7-24　平法施工图

2. 等截面外伸

基础主梁有等截面外伸,顶部贯通纵筋构造如图 7-26 和图 7-27 所示。依据《11G101—3》(第 73 页),钢筋构造要点为:顶部上排钢筋伸于外伸尽端弯折 $12d$;顶部下排钢筋不伸入外伸部位,伸至柱内直锚,直锚长度$\geqslant l_a$ 。

梁包柱侧腋
柱
50
15d

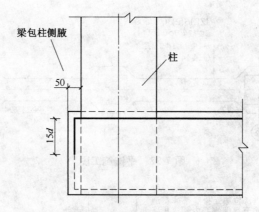

图 7-25 基础主梁无外伸顶部贯通纵筋构造

JZL15(2A)300×500
5Φ12@150/250(4)
B4Φ25;T6Φ25 4/2
G2Φ14
A
1
2
3

图 7-26 平法施工图

12d
ln
边柱或角柱
50
50
h
垫层
l'n
hc
ln/3且≥l'n
12d

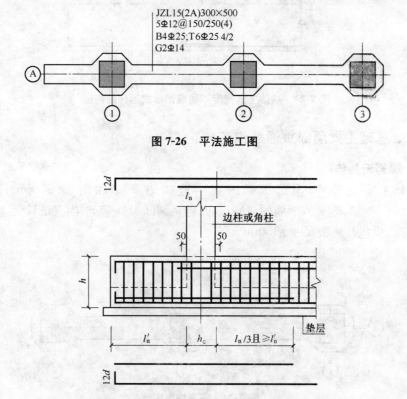

图 7-27 基础主梁等截面外伸顶部贯通纵筋构造

3. 变截面外伸(梁底一平)

基础梁有变截面外伸(梁底一平),顶部贯通纵筋构造如图 7-28 和图 7-29 所示。依据《11G101—3》(第 73 页),钢筋构造要点为:顶部上排钢筋伸于外伸尽端

弯折 $12d$；顶部下排钢筋不伸入外伸部位,伸至柱内直锚,直锚长度 $\geqslant l_a$。

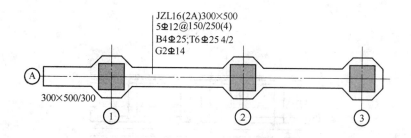

图 7-28　平法施工图

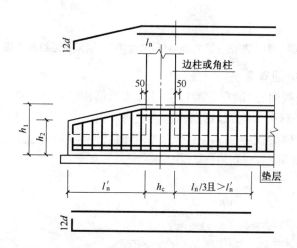

图 7-29　基础主梁变截面外伸(梁底一平)顶部贯通纵筋构造

4. 变截面(梁宽度不同)

基础主梁变截面(梁宽度不同),顶部贯通纵筋构造如图 7-30 和图 7-31 所示。依据《11G101—3》(第 74 页),钢筋构造要点为:宽出部位第一排顶部钢筋伸至柱尽端钢筋内侧弯折 $15d$,宽出部位第二排顶部钢筋同样伸至柱尽端弯折 $15d$。

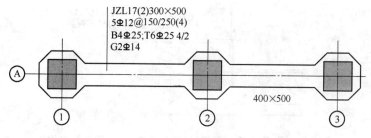

图 7-30　平法施工图

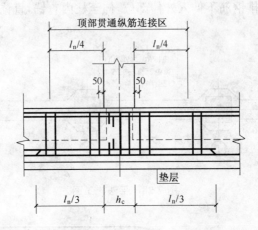

图7-31 基础主梁变截面(梁宽度不同)顶部贯通纵筋构造

5. 变截面(梁顶有高差)

基础主梁变截面(梁顶有高差),顶部贯通纵筋构造如图7-32和图7-33所示。依据《11G101—3》(第74页),钢筋构造要点为:低位锚入 l_a;高位第一排钢筋伸至柱外边下弯至低位梁顶再加 l_a;高位第二排钢筋伸至尽端钢筋内侧弯折 $15d$,当直段长度≥ l_a 时可不弯折。

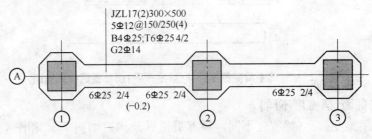

图7-32 平法施工图

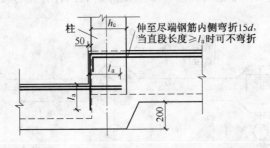

图7-33 基础主梁变截面(梁顶有高差)顶部贯通纵筋构造

四、基础主梁侧部筋、加腋筋构造

1. 侧部筋构造

基础主梁侧部筋构造如图 7-34 和图 7-35 所示。依据《11G101—3》(第 73 页)，钢筋构造要点为：基础主梁(JZL)的侧部筋为构造筋，不像楼层框架梁(KL)的侧部筋分为构造筋和受扭筋；基础主梁侧部构造筋锚固 15d；丁字相交处丁字横向外侧的侧部构造筋贯通；当基础梁箍筋有多种间距时，拉筋直径为 8mm，拉筋间距为箍筋最大间距的 2 倍。

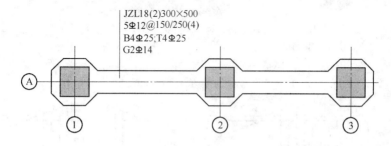

JZL18(2)300×500
5Φ12@150/250(4)
B4Φ25;T4Φ25
G2Φ14

图 7-34　平法施工图

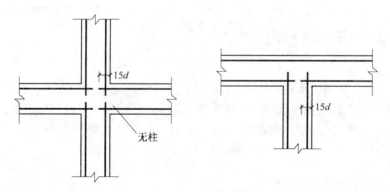

15d

无柱

15d

图 7-35　基础主梁侧部筋构造

2. 加腋筋构造

基础梁与柱侧部加腋筋的平法的集中标注如图 7-36 所示。依据《11G101—3》(第 72 页)钢筋构造要点如下：

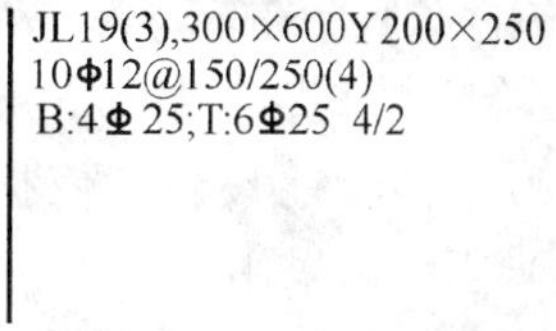

①基础梁高加腋筋规格，若施工图未注明，则与基础梁顶部纵筋相同；若施工图有标注，则按其标注规格。

JL19(3),300×600Y200×250
10Φ12@150/250(4)
B:4Φ25;T:6Φ25　4/2

图 7-36　基础梁与柱侧部加腋筋的平法集中标注

②基础梁高加腋筋根数为基础梁顶部第一排纵筋根数－1，如图 7-37 所示。

③基础梁高加腋筋锚入基础梁内长度≥l_a，如图 7-38 所示。

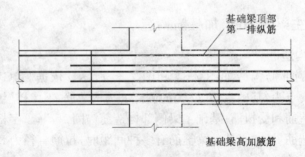

图 7-37　基础梁高加腋筋根数

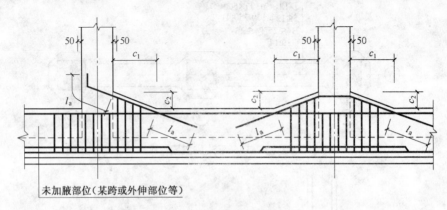

图 7-38　基础梁高加腋筋长度

基础梁与柱结合部侧加腋筋,由加腋筋及其分布筋组成,均不需要在施工图上标注,按图集上构造规定即可;加腋筋规格≥Φ12且不小于柱箍筋直径,间距同柱箍筋间距;加腋筋长度为侧腋边长加两端 l_a ;分布筋规格为Φ8@200,如图 7-37 所示。

五、基础主梁箍筋构造

基础主梁箍筋构造如图 7-39 和图 7-40 所示。依据《11G101—3》(第 72 页),箍筋构造要点为:箍筋起步距离为 50mm,节点区域箍筋按梁端第一种箍筋设置。依据《11G101—1》(第 54 页),当纵筋采用搭接连接时,搭接区域的箍筋直径不小于 $d/4$(d 为搭接钢筋最大直径),搭接区域的箍筋间距不大于搭接钢筋较小直径的 5 倍,且不大于 100mm;基础主梁变截面外伸、梁高加腋位置,箍筋高度渐变。

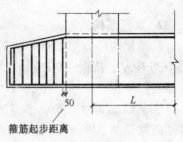

图 7-39　箍筋起步距离

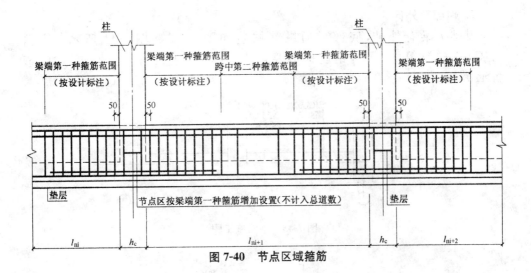

图 7-40 节点区域箍筋

第二节 基础次梁(JCL)钢筋构造

一、基础次梁底部贯通筋构造

1. 端部无外伸

基础次梁无外伸,底部贯通纵筋构造如图 7-41 和图 7-42 所示。依据《11G101—3》(第 76 页),钢筋构造要点为:底部贯通纵筋伸至尽端弯折 15d。

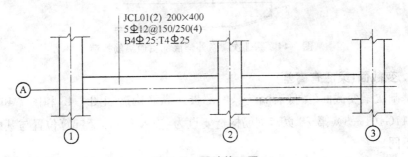

图 7-41 平法施工图

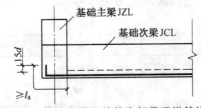

图 7-42 基础次梁无外伸底部贯通纵筋构造

2. 端部有外伸

基础次梁有外伸,底部贯通纵筋构造如图 7-43 和图 7-44 所示。依据《11G101—3》(第 76 页),钢筋构造要点为:底部贯通纵筋伸至外伸尽端,弯折 12d。

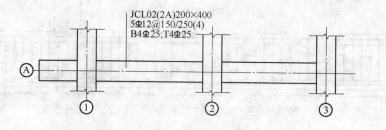

图 7-43　平法施工图

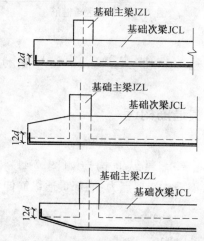

图 7-44　基础次梁有外伸底部贯通纵筋构造

3. 变截面(梁底有高差)

基础次梁变截面(梁底有高差),底部贯通纵筋构造如图 7-45 和图 7-46 所示。依据《11G101—3》(第 78 页),钢筋构造要点为:锚入 l_a(注意起算位置与基础主梁有所不同)。

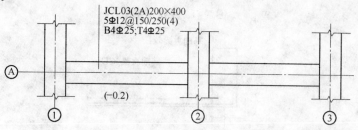

图 7-45　平法施工图

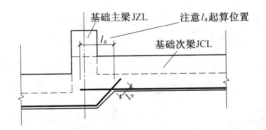

图 7-46　基础次梁变截面(梁底有高差)底部贯通纵筋构造

4. 变截面(梁宽度不同)

基础次梁变截面(梁宽度不同),底部贯通纵筋构造如图 7-47 和图 7-48 所示。依据《11G101—3》(第 78 页),钢筋构造要点为:宽出部位的底部各排贯通纵筋伸入尽端钢筋内侧弯折 $15d$,当直段长度$\geqslant l_a$可以不弯折。

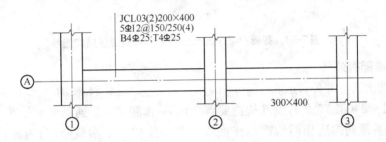

图 7-47　平法施工图

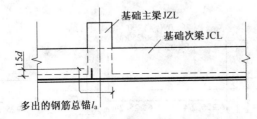

图 7-48　基础次梁变截面(梁宽度不同)底部贯通纵筋构造

二、基础次梁端部的底部非贯通筋构造

依据《11G101—3》(第 76 页),基础次梁端部(支座)区域底部非贯通纵筋,由支座中心线向跨内延伸长度 $= l_n/3 + b_b/2$ (b_b 为基础主梁宽, l_n 为跨长)。

1. 端部无外伸

基础次梁无外伸,端部底部非贯通纵筋构造如图 7-49 和图 7-50 所示。依据《11G101—3》(第 76 页),钢筋构造要点为:底部非贯通纵筋伸至尽端弯折 $15d$,自基础主梁中心线向跨内的延伸长度 $= l_n/3 + b_b/2$ 。

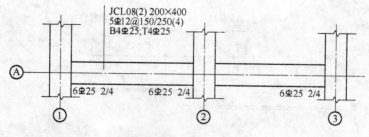

图 7-49 平法施工图

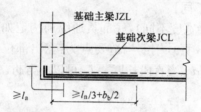

图 7-50 基础次梁端部无外伸底部非贯通纵筋构造

2. 端部有外伸

基础次梁有外伸,端部底部非贯通纵筋构造如图 7-51 和图 7-52 所示。依据《11G101—3》(第 76 页),钢筋构造要点为:第一排底部非贯通筋伸至尽端弯折 $12d$ (与底部贯通筋构造相同),第二排底部非贯通筋伸至尽端截断;跨内延伸长度为 $l_n/3 + b_b/2$;当底部纵筋多于两排时,从第三排起非贯通筋向跨内延伸长度应由设计者注明。

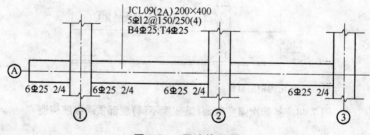

图 7-51 平法施工图

3. 中间柱下区域

基础次梁 JCL 中间柱下区域底部非贯通纵筋的构造,与基础主梁(JZL)相同,详见基础主梁相关内容。

4. 变截面(梁底有高差)

基础次梁(JCL)变截面(梁底有高差)时,底部非贯通纵筋的构造,与基础主梁(JZL)相同,详见基础主梁相关内容。

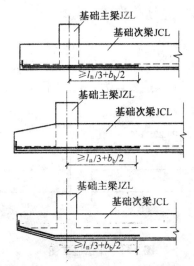

图 7-52 基础次梁端部有外伸底部非贯通纵筋构造

5. 变截面(梁宽度不同)

基础次梁变截面(梁宽度不同),端部底部非贯通纵筋构造如图 7-53 和图 7-54 所示。依据《11G101—3》(第 78 页),钢筋构造要点为:宽出部位的底部非贯通筋伸至尽端钢筋内侧弯折 $15d$,当直段长度$\geqslant l_a$ 时,可以不弯折;自基础主梁中心线向跨内延伸长度为 $l_n/3 + b_b/2$。

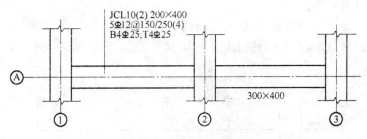

图 7-53 平法施工图

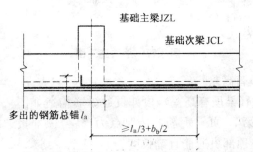

图 7-54 基础次梁变截面(梁宽度不同)底部非贯通纵筋构造

三、基础次梁顶部贯通筋构造

1. 端部无外伸

基础次梁无外伸，顶部贯通纵筋构造如图 7-55 和图 7-56 所示。依据《11G101—3》(第 76 页)，钢筋构造要点为：≥12d 且至少到梁中线。

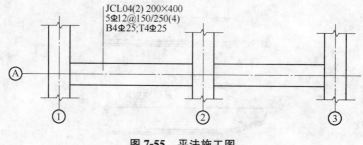

JCL04(2) 200×400
5Φ12@150/250(4)
B4Φ25;T4Φ25

图 7-55 平法施工图

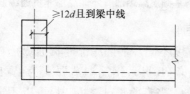

≥12d且到梁中线

图 7-56 基础次梁无外伸顶部贯通纵筋构造

2. 端部有外伸

基础次梁有外伸，顶部贯通纵筋构造如图 7-57 和图 7-58 所示。依据《11G101—3》(第 76 页)，钢筋构造要点为：伸至端部，弯折 12d。

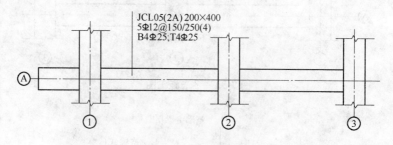

JCL05(2A) 200×400
5Φ12@150/250(4)
B4Φ25;T4Φ25

图 7-57 平法施工图

3. 变截面(梁顶有高差)

基础次梁变截面(梁顶有高差)，顶部贯通纵筋构造如图 7-59 和图 7-60 所示。依据《11G101—3》(第 78 页)，钢筋构造要点为：高位顶部贯通纵筋伸至尽端钢筋内侧弯折 15d，低位顶部贯通筋直锚长度≥l_a 且至少到梁中线。

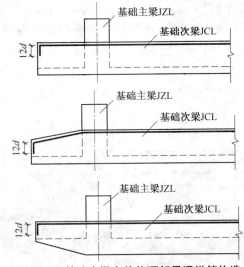

图 7-58 基础次梁有外伸顶部贯通纵筋构造

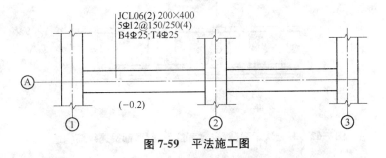

图 7-59 平法施工图

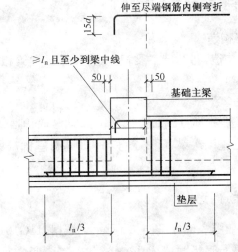

图 7-60 基础次梁变截面(梁顶有高差)顶部贯通纵筋构造

4. 变截面(梁宽度不同)

基础次梁变截面(梁宽度不同),顶部贯通纵筋构造如图 7-61 和图 7-62 所示。依据《11G101—3》(第 78 页),钢筋构造要点为:宽出部位的顶部各排纵筋伸至尽端钢筋内侧弯折 $15d$,当直段长度 $\geqslant l_a$ 时可不弯折。

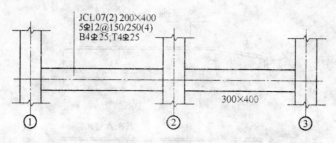

JCL07(2) 200×400
5Φ12@150/250(4)
B4Φ25;T4Φ25

300×400

① ② ③

图 7-61　平法施工图

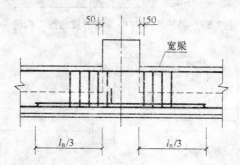

50　　50

宽梁

$l_n/3$　　　$l_n/3$

图 7-62　基础次梁变截面(梁宽度不同)顶部贯通纵筋构造

四、基础次梁侧部筋、加腋筋构造

1. 基础次梁侧部筋构造

基础次梁侧部筋的构造,与基础主梁相同,详见基础主梁相关内容(11G101—3 第 73 页)。

2. 加腋筋构造

依据《11G101—3》(第 77 页),基础次梁(JCL)加腋筋构造,与基础主梁(JZL)加腋筋的构造相同,只是基础次梁(JCL)没有梁侧加腋,基础次梁竖向加腋筋构造如图 7-63 所示。

五、基础次梁箍筋构造

基础次梁箍筋构造如图 7-64 和图 7-65 所示。依据《11G101—3》(第 76、第 77 页),钢筋构造要点为:箍筋起步距离为 50mm;基础次梁变截面外伸、梁高加腋位置,箍筋高度渐变;基础次梁节点区不设箍筋。

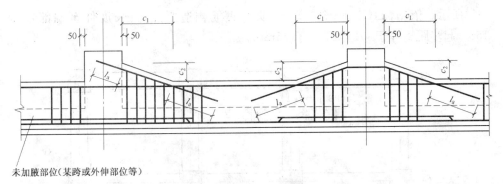

未加腋部位(某跨或外伸部位等)

图 7-63 基础次梁竖向加腋筋构造

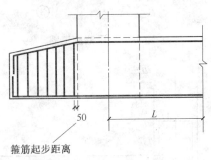

箍筋起步距离

图 7-64 基础次梁箍筋构造

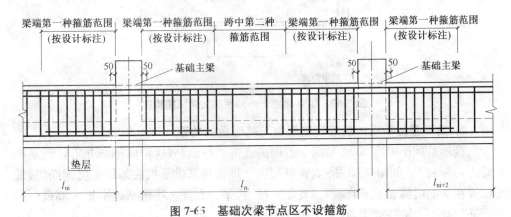

图 7-65 基础次梁节点区不设箍筋

第三节 梁板式筏形基础平板(LPB)钢筋构造

一、梁板式筏形基础平板底部贯通纵筋构造

1. 端部无外伸

梁板式筏形基础平板(LPB)端部无外伸,底部贯通纵筋构造如图 7-66 和图

7-67所示。依据《11G101—3》(第 80 页),钢筋构造要点为:长度伸至端部弯折 $15d$;起步距离等于 $s/2$ 且不大于 $75mm$。

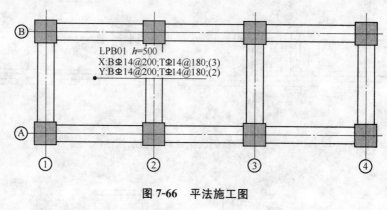

图 7-66 平法施工图

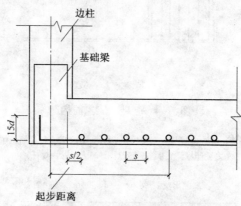

图 7-67 LPB 端部无外伸底部贯通纵筋构造

2. 筏形基础平板的底部钢筋根数与基础梁的关系

筏形基础平板有 X 和 Y 两个方向的底部贯通纵筋,这两向钢筋并不是距基础梁边均为 $s/2$。如图 7-68 所示,钢筋层面 1 即筏形基础平板底部最下层钢筋、最低位置在基础梁箍筋下平直段,二者相互插空,平行布置。筏形基础平板底部最下层钢筋根数不扣除基础梁,在基坑内满铺。

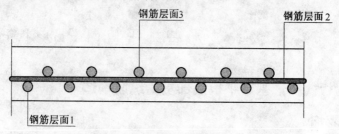

图 7-68 梁板式筏形基础底部钢筋层面布置

3. 端部有外伸

如图 7-69 所示,梁板式筏形基础平板(LPB)端部有外伸时,底部贯通纵筋构造有以下三种封边方式,实际工程中使用哪一种,由实际施工图注明。

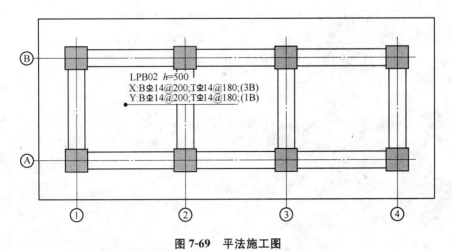

LPB02 *h*=500
X:B⊈14@200;T⊈14@180;(3B)
Y:B⊈14@200;T⊈14@180;(1B)

图 7-69　平法施工图

① 封边方式一如图 7-70 所示。依据《11G101—3》(第 84 页),钢筋根数及构造要点为:纵筋弯钩交错封边顶部与底部纵筋交错搭接 5*d*,并设置侧部构造筋(设置侧部构造筋的规格,做工程造价时,看实际施工图的说明)。

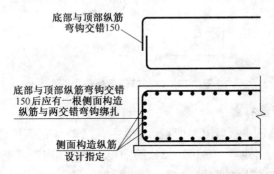

底部与顶部纵筋
弯钩交错150

底部与顶部纵筋弯钩交错
150后应有一根侧面构造
纵筋与两交错弯钩绑扎

侧面构造纵筋
设计指定

图 7-70　端部有外伸钢筋根数及构造要点

② 封边方式二为 U 形筋构造封边,如图 7-71 所示。依据《11G101—3》(第 84 页),钢筋根数及构造要点为:筏形基础平板底部钢筋伸至端部弯折 12*d*,另配置 U 形封边筋及侧部构造筋(U 形封边筋及侧部构造筋的规格,做工程造价时,看实际施工图的说明)。

③ 封边方式三如图 7-72 所示。依据《11G101—3》(第 80 页),钢筋根数及构造要点为:筏形基础平板底部钢筋伸至端部弯折 12*d*,起步距离等于 *s*/2 且不大于 75mm。

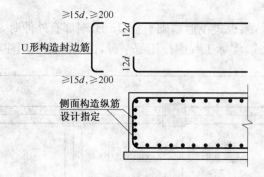

图 7-71　U 形筋构造封边方式

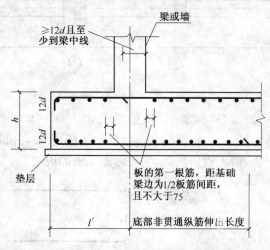

图 7-72　端部等截面外伸构造

4. 变截面（板底有高差）

梁板式筏形基础平板（LPB）变截面（板底有高差），底部贯通纵筋构造如图 7-73 和图 7-74 所示。依据《11G101—3》（第 80 页），钢筋构造要点为：高位和低位板底筋锚固 l_a（注意，锚固的起算位置），起步距离等于 $s/2$ 且不大于 75mm。

5. 基坑处筏形基础平板底部贯通纵筋构造

梁板式筏形基础平板（LPB）在基坑位置，底部贯通纵筋构造如图 7-75 和图 7-76 所示。依据《11G101—3》（第 94 页），钢筋构造要点为：筏形基础平板底部钢筋，伸入基坑锚固 l_a（注意，该位置不设置另一个方向的板底部纵筋）。

二、梁板式筏形基础平板底部非贯通纵筋构造

1. 端部外伸、中间梁下区域底部非贯通纵筋长度

梁板式筏形基础平板（LPB）底部非贯通纵筋，在端部、中间梁下区域的长度构

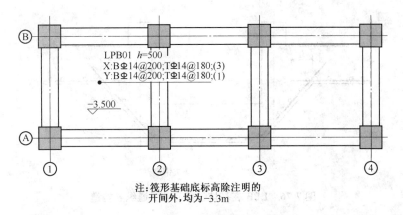

图 7-73 平法施工图

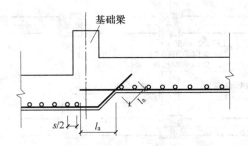

图 7-74 LPB 端部变截面(板底有高差)底部贯通纵筋构造

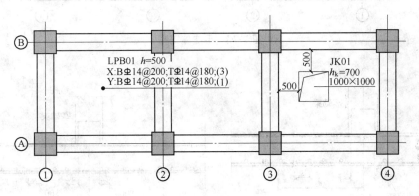

图 7-75 平法施工图

造如图 7-77、图 7-78 和图 7-79 所示。钢筋根数构造要点为:延伸长度是指从基础中心线向跨内延伸的长度;外伸端底部贯通纵筋封边构造如图 7-70、图 7-71 和图 7-72 所示。

2. 底部非贯通纵筋与同向底部贯通纵筋的根数

底部非贯通纵筋与同向底部贯通纵筋位于同一层面,其位置关系如图 7-80、图

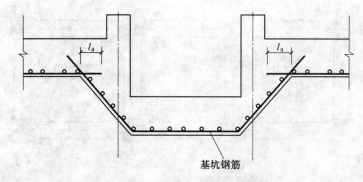

图 7-76 LPB 在基坑位置底部贯通纵筋构造

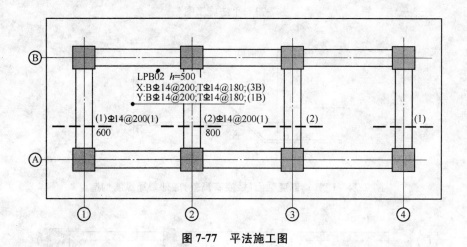

图 7-77 平法施工图

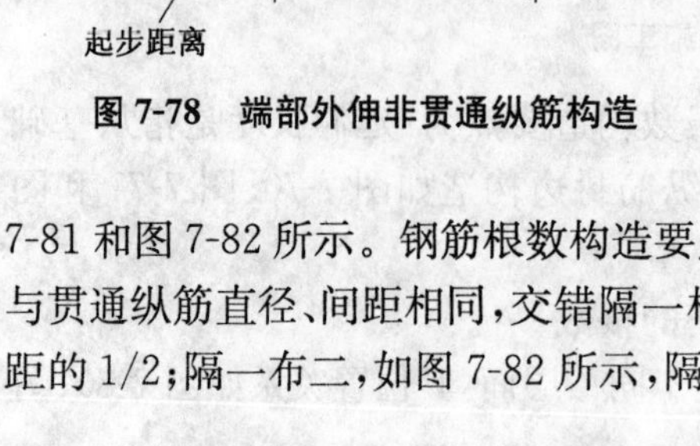

图 7-78 端部外伸非贯通纵筋构造 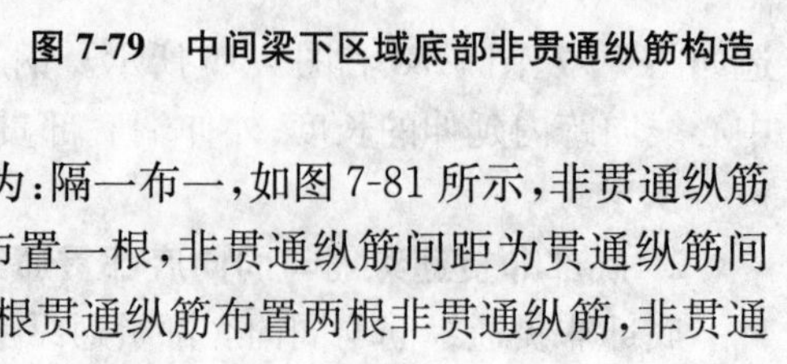　　**图 7-79 中间梁下区域底部非贯通纵筋构造**

7-81 和图 7-82 所示。钢筋根数构造要点为:隔一布一,如图 7-81 所示,非贯通纵筋与贯通纵筋直径、间距相同,交错隔一根布置一根,非贯通纵筋间距为贯通纵筋间距的 1/2;隔一布二,如图 7-82 所示,隔一根贯通纵筋布置两根非贯通纵筋,非贯通纵筋由两种间距组成,较小间距为较大间距的 1/2,为贯通纵筋间距的 1/3。

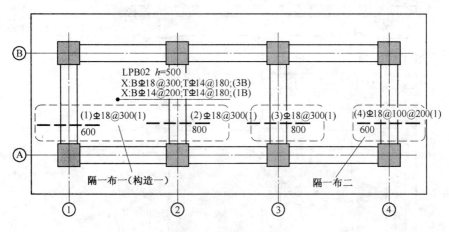

图 7-80 平法施工图

图 7-81 底部非贯通纵筋与底部贯通纵筋的根数(构造一)

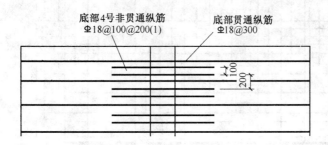

图 7-82 底部非贯通纵筋与底部贯通纵筋的根数(构造二)

3. 底部非贯通纵筋与基础梁的关系

底部非贯通纵筋与基础梁的关系如图 7-83 和图 7-84 所示。依据《12G901—3》(第 3-33 页、第 3-34 页),钢筋根数构造要点为:有一个方向是满铺,不扣除基础梁宽度,另一个方向是扣除基础梁宽度。这时与满铺的底部贯通纵筋同方向的非贯通纵筋,不扣除基础梁宽度。

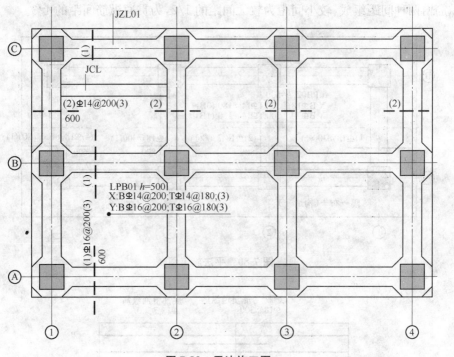

图 7-83　平法施工图

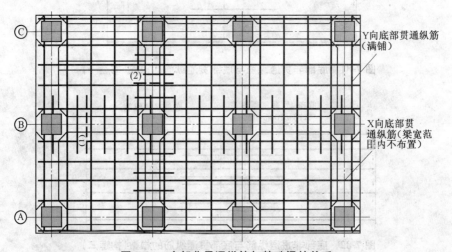

图 7-84　底部非贯通纵筋与基础梁的关系

三、梁板式筏形基础平板顶部贯通纵筋构造

1. 端部无外伸

梁板式筏形基础平板（LPB）端部无外伸，顶部贯通纵筋构造如图 7-85 和图

7-86所示。依据《11G101—3》(第80页),钢筋构造要点为:顶部贯通纵筋伸入梁内长度≥12d 且至少到梁中线(注意,起算位置是从梁边起算);起步距离为 s(板筋间距)/2 且不大于 75mm。

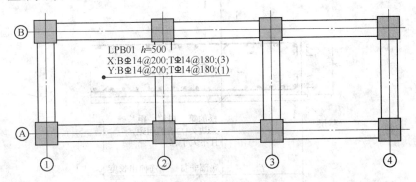

图 7-85　平法施工图

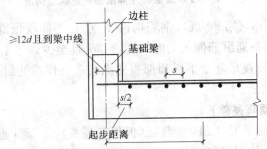

图 7-86　LPB 端部无外伸顶部贯通纵筋构造

2. 端部有外伸

梁板式筏形基础平板(LPB)端部有外伸,顶部贯通纵筋构造如图 7-87 和图 7-88 所示。

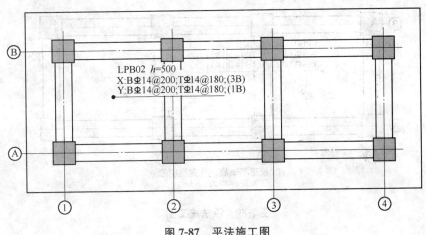

图 7-87　平法施工图

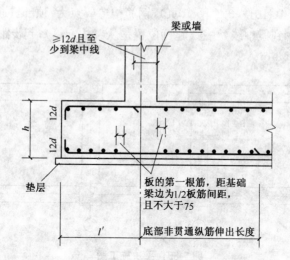

图7-88 LPB端部有外伸顶部贯通纵筋构造

依据《11G101—3》(第80页),钢筋构造要点为:外伸段顶部纵筋伸入尽端弯折长度≥12d ,顶部贯通纵筋伸入梁内长度≥12d 且至少到梁中线(等截面外伸、变截面外伸均相同);筏形基础平板顶部贯通纵筋在外伸端的封边构造如图7-70、图7-71和图7-72所示。

3. 变截面(板顶有高差)

梁板式筏形基础平板(LPB)变截面(板顶有高差),顶部贯通纵筋构造如图7-89和图7-90所示。依据《11G101—3》(第80页),钢筋构造要点为:高位顶部贯通纵筋伸至尽端钢筋内侧弯折15d ,当直段长度≥l_a 时可不弯折;低位顶部贯通纵筋伸入梁内锚固长度≥l_a 且至少到梁中线,板的第一根筋,距基础梁边为1/2板筋间距,且不大于75mm。

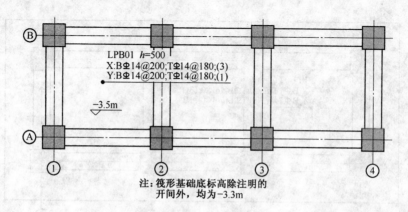

图7-89 平法施工图

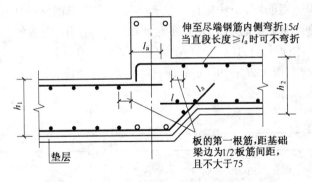

图 7-90　LPB 端部有外伸顶部贯通纵筋构造

4. 基坑处板顶钢筋构造

梁板式筏形基础平板(LPB)在基坑位置,顶部贯通纵筋构造如图 7-91 和图 7-92 所示。依据《11G101—3》(第 94 页),钢筋构造要点为:筏形基础平板顶部纵筋伸入基坑底加长 l_a (注意,伸入基坑底的部位没有另一方向的纵筋)。

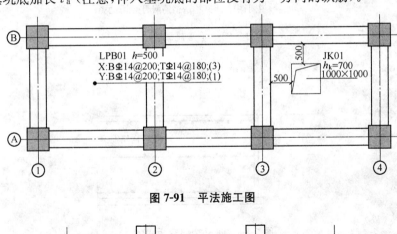

图 7-91　平法施工图

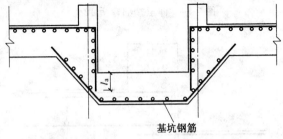

图 7-92　LPB 基坑处板顶钢筋构造

四、梁板式筏形基础平板中部水平钢筋网构造

当筏形基础平板(LPB)厚度大于 2m 时,除底部与顶部贯通纵筋外,一般还要

配置中部水平构造钢筋网,平法标注方法是直接在施工图上注明中部水平构造钢筋网的规格。筏形基础平板(LPB)中部水平构造钢筋网的构造如图 7-93、图 7-94和图 7-95 所示。依据《11G101—3》(第 83 页、第 84 页),钢筋根数构造要点为:端部构造,伸至端部弯折 $12d$;中间变截面,伸入基础梁内锚固 l_a;起步距离为 $s/2$且不大于 75mm。

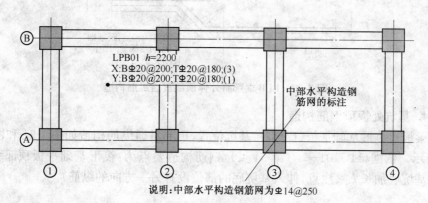

图 7-93　平法施工图

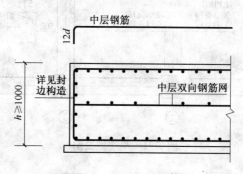

图 7-94　伸至端部弯折 $12d$

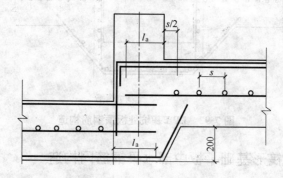

图 7-95　伸入基础梁内锚固 l_a,起步距离为 $s/2$ 且不大于 75mm

第四节 筏形基础钢筋的算量实例

一、基础主梁钢筋的算量实例

1. 底部与顶部贯通纵筋根数相同

基础主梁 JZL01 平法施工图如图 7-96 所示。

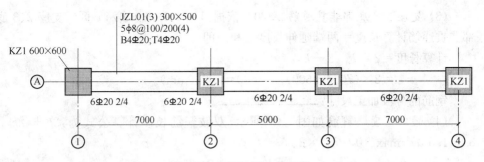

图 7-96 JZL01 平法施工图

计算条件:混凝土强度等级为 C30,纵筋连接方式为对焊(除特殊规定外,本书的纵筋钢筋接头只按定尺长度计算接头个数,不考虑钢筋的实际连接位置),螺纹钢筋定尺长度为 9000mm。

计算参数:依据《11G101—3》(第 55 页),保护层厚度 $c = 40$mm;依据《11G101—3》(第 54 页),受拉钢筋锚固长度 $l_a = 33d$,双肢箍长度计算公式为 $2b + 2h - 8c - 1.5d + \max(10d, 75\text{mm}) \times 2$;依据《11G101—3》(第 71 页),箍筋起步距离为 50mm。h_c 为柱宽,h_b 为梁高。

(1) 底部及顶部贯通纵筋 根据《11G101—3》(第 73 页),底部及顶部贯通纵筋伸至尽端钢筋内侧弯折 $15d$($15 \times 20 = 300$mm),梁高为 500mm,所以可成对连通设置 4Φ20。

计算长度 $= 2 \times ($梁长 - 保护层$) + 2 \times ($梁高 - 保护层$)$
$= 2 \times (7000 + 5000 + 7000 + 600 - 40 \times 2) + 2 \times (500 - 40 \times 2)$
$= 39880 (\text{mm})$。

钢筋的分段加工尺寸:

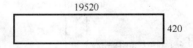

接头个数 $= 39880 / 9000 - 1 = 4$(个)(本例只计算接头个数,不考虑实际连接位置,小数值均向上进位)。

（2）支座 1、4 底部非贯通纵筋 2Φ20　根据《11G101—3》(第 73 页)，自柱中心线向跨内的延伸长度为 $l_n/3+0.5h_c$（h_c 为柱宽），因此，

计算长度＝自柱中心线向跨内的延伸长度＋柱中心线外支座宽度＋15d

$$=l_n/3+0.5h_c+0.5h_c-c+15d$$

$$=(7000-600)/3+300+300-40+15×20=2993(mm)。$$

钢筋的分段加工尺寸：

$$\underset{2693}{\overset{300}{\rule{0pt}{2em}}}$$

（3）支座 2、3 底部非贯通筋 2Φ20　依据《11G101—3》(第 71 页)，支座 2、3 底部非贯通筋计算长度＝两端延伸长度之和。即

计算长度＝$2×l_n/3+h_c$

$$=2×(7000-600)/3+600=4867(mm)。$$

钢筋的分段加工尺寸：$\underline{\qquad 4867 \qquad}$

（4）箍筋长度　箍筋如图 7-97 所示，双肢箍筋长度计算公式为：$2b+2h-8c-1.5d+\max(10d,75)×2$。

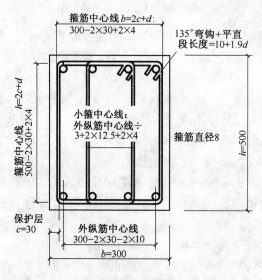

图 7-97　双肢箍筋

外大箍计算长度＝$2×300+2×500-8×30-1.5×8+20×8=1508(mm)$。

钢筋的分段加工尺寸：　$300-2×30+8=248$

$$(500-2×30)+8=448$$

内小箍筋长度＝$2b'+2h-4c-1.5d+\max(10d,75)×2$

$$=2\times[(300-2\times30)/3+20+8]+2\times500-4\times30-1.5\times8+$$
$$+20\times8$$
$$=1244(mm)\text{。}$$

钢筋的分段加工尺寸：

（5）箍筋根数　依据《11G101—3》（第71页），箍筋根数计算如下。

① 第1、3净跨箍筋根数。每边5根间距100的箍筋，两端共10根。

跨中箍筋根数＝(7000－600－550×2)/200－1＝26（根）。"550"是指梁端5根箍筋共500mm宽，再加50mm的起步距离。

总根数＝36根。

② 第2净跨箍筋根数。每边5根间距100的箍筋，两端共10根。

跨中箍筋根数＝(5000－600－550×2)/200－1＝16（根）。

总根数＝26根。

③ 支座1、2、3、4内箍筋根数。依据《11G101—3》（第72页）及图7-40所示，节点内按跨端第一种箍筋规格排布，每个支座箍筋根数＝(600－100)/100＋1＝6（根），四个支座共计：4×6＝24（根）。

④ 整梁总箍筋根数。总箍筋根数＝36×2＋26＋24＝122（根）。

2. 底部与顶部贯通纵筋根数不同

基础主梁JZL02（底部与顶部贯通纵筋根数不同）平法施工图如图7-98所示。

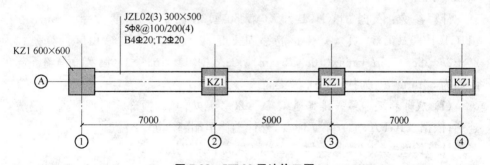

图7-98　JZL02平法施工图

计算条件：混凝土强度等级为C30，纵筋连接方式为对焊，螺纹钢定尺长度为9000mm。

计算参数：依据《11G101—3》（第55页），保护层厚度 $c=40mm$；依据《11G101—3》（第54页），受拉钢筋锚固长度 $l_a=33d$；双肢箍长度计算公式为 $2b+2h-8c-1.5d+\max(10d,75mm)\times2$；依据《11G101—3》（第71页），箍筋起

步距离为50mm。h_c为柱宽，h_b为梁高。

本例只计算底部多出的2根贯通纵筋2Φ20。

计算长度＝梁总长－$2c$＋$2\times15d$

$\qquad$＝$7000\times2+5000+600-2\times40+2\times15\times20=20120$(mm)。

钢筋的分段加工尺寸：

$$300 \ \underline{} \atop 19520$$

焊接接头个数＝21020/9000－1＝2(个)(本例只计算接头个数，不考虑实际连接位置，小数值均向上进位)。

3. 基础主梁(有外伸)

基础主梁JZL03(有外伸)平法施工图如图7-99所示。

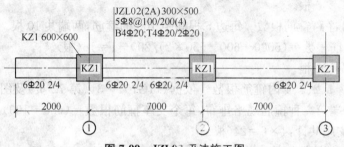

图7-99 JZL03 平法施工图

计算条件：混凝土强度等级为C30，纵筋连接方式为对焊，螺纹钢定尺长度为9000mm。

计算参数：依据《11G101—3》(第55页)，保护层厚度$c=40$mm；依据《11G101—3》(第54页)，受拉钢筋锚固长度$l_a=33d$；双肢箍长度计算公式为$2b+2h-8c-1.5d+\max(10d,75)\times2$；依据《11G101—3》(第71页)箍筋起步距离为50mm。h_c为柱宽，h_b为梁高。

(1) 底部和顶部第一排贯通纵筋4Φ20　无外伸端，顶部与底部贯通纵筋成对连通；依据《11G101—3》(第73页)，外伸端伸至端部弯折$12d$。

计算长度＝$2\times$(梁长－保护层)＋(梁高－保护层)＋$2\times12d$

$\qquad$＝$2\times(7000\times2+300+2000-2\times40)+(500-2\times40)+2\times12\times20$

$\qquad$＝33340(mm)。

钢筋的分段加工尺寸：

$$\underset{240}{}\ \overset{\textstyle 16220}{\boxed{}}\ \underset{}{420}$$

接头个数＝33340/9000－1＝3(个)。

(2) 支座1底部非贯通纵筋2Φ20　依据《11G101—3》(第73页)，底部非贯通纵筋的计算长度＝自柱中心线向跨内的延伸长度＋外伸端长度。

自柱中心线向跨内的延伸长度＝l_n/3＋0.5h_c

$$＝(7000－600)/3＋300＝2433(\text{mm})。$$

自柱中心线外伸端长度＝2000－40＝1960(mm)。（位于上排，外伸端不弯折）。

计算长度＝1960＋2433＝4393(mm)。

钢筋的分段加工尺寸：—————4393—————

（3）支座2底部非贯通筋2Φ20　依据《11G101—3》（第71页），底部非贯通筋的计算长度＝两端自柱中心线向跨内的延伸长度＝2×l_n/3＋h_c

$$＝2×(7000－600)/3＋600＝2×2133＋600＝4867(\text{mm})。$$

钢筋的分段加工尺寸：—————4867—————

（4）支座3底部非贯通筋与上部下排贯通筋连通布置2Φ20　依据《11G101—3》（第73页），计算长度＝自柱中心线向跨内的延伸长度＋（柱中心线外支座宽度－c）＋（梁高－c）＋上部下排贯通筋长度。

自柱中心线向跨内的延伸长度＝l_n/3＋0.5h_c

$$＝(7000－600)/3＋300$$
$$＝2433(\text{mm})。$$

轴线外支座宽度－c＝300－40＝260(mm)。

梁高－c－d＝500－80－20＝400(mm)。

上部下排贯通筋长度＝7000×2＋2000＋（300－40×2）＋12d
$$＝7000×2＋2000＋300－40×2＋12×20$$
$$＝16460(\text{mm})。$$

总长＝2433＋260＋400＋16460＝19553（mm）。

钢筋的分段加工尺寸：

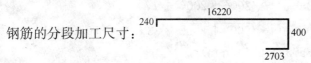

接头个数＝16460/9000－1＝2(个)

（5）箍筋　详见JZL01计算实例1的箍筋计算。

4. 基础主梁（变截面高差）

基础主梁JZL04（变截面高差）平法施工图，如图7-100所示。

计算条件：混凝土强度等级为C30，纵筋连接方式为对焊，螺纹钢定尺长度为9000mm。

计算参数：依据《11G101—3》（第55页），保护层厚度c＝40mm；依据《11G101—3》（第54页），受拉钢筋锚固长度l_a＝33d；双肢箍长度计算公式为2b＋2h－8c－1.5d＋max(10d,75)×2；依据《11G101—3》（第71页），箍筋起步距

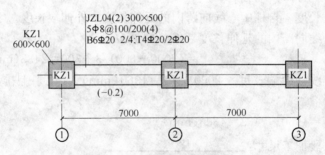

图 7-100 JZL04 平法施工图

离为 50mm。h_c 为柱宽，h_b 为梁高。

(1)第 1 跨底部及顶部第一排贯通纵筋(1 号筋) 4Φ20 依据《11G101—3》(第 74 页),计算简图如图 7-101 所示。

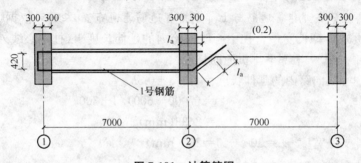

图 7-101 计算简图

上段 $=7000-300+l_a+300-c$

$\qquad =7000-300+33\times20+300-40=7620(\text{mm})$。

侧段 $=500-80=420(\text{mm})$。

下段 $=7000+2\times300-c+\sqrt{200^2+200^2}+l_a$

$\qquad =7000+2\times300-40+\sqrt{200^2+200^2}+33\times20=8503(\text{mm})$。

总长 $=7620+420+8503=16543(\text{mm})$。

钢筋的分段加工尺寸:

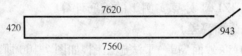

接头个数 $=16543/900-1=1(\text{个})$。

(2)第 1 跨底部及顶部第二排贯通纵筋(2 号筋) 2Φ20 依据《11G101—3》(第 74 页),计算简图如图 7-102 所示。

上段 $=7000-300+l_a+300-c$

$\qquad =7000-300+33\times20+300-40=7620(\text{mm})$。

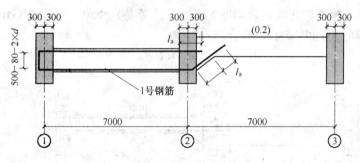

图 7-102 计算简图

侧段＝500－80－2×20＝380(mm)。

下段＝7000＋2×300－c＋$\sqrt{200^2+200^2}$＋l_a

  ＝7000＋2×300－40＋$\sqrt{200^2+200^2}$＋33×20＝8503(mm)。

总长＝7620＋380＋8503＝16503(mm)。

钢筋的分段加工尺寸：

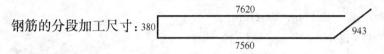

接头个数＝16503/9000－1＝1(个)。

(3)第 2 跨底部及顶部第一排贯通纵筋(3 号筋)4Φ20 依据《11G101—3》(第 74 页),计算简图如图 7-103 所示。

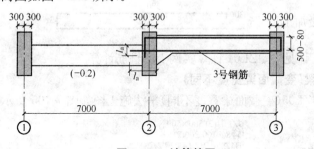

图 7-103 计算简图

上段＝7000＋600－2×c＋200＋l_a

  ＝7000＋600－80＋200＋33×20＝8380(mm)。

侧段＝500－80＝420(mm)。

下段＝7000＋300－c－300＋l_a＝7000－40＋33×20＝7620(mm)。

总长＝8380＋420＋7620＝16420(mm)。

钢筋的分段加工尺寸：

接头个数＝16420/9000－1＝1(个)。

（4）第 2 跨底部及顶部第二排贯通纵筋（4 号筋）2Φ20 依据《11G101—3》（第 74 页），计算简图如图 7-104 所示。

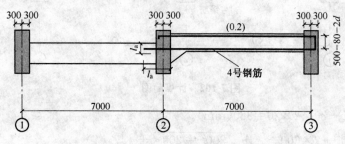

图 7-104　计算简图

上段 $=7000+300-c+300-c+15\times d$

　　　 $=7000+300-40+300-40+15\times20=7820$（mm）。

侧段 $=500-80-2\times20=380$（mm）。

下段 $=7000+300-c-300+l_a$

　　　 $=7000+300-40-300+33\times20=7620$（mm）。

总长 $=7820+380+7620=15820$（mm）。

接头个数 $=15820/9000-1=1$（个）。

钢筋的分段加工尺寸：

下段钢筋的分段加工尺寸示意（300 / 7520 / 380，总长 7620）

（5）箍筋　详见一、JZL01 计算实例 1 的箍筋计算。

5. 基础主梁（变截面梁宽度不同）

基础主梁 JZL05（变截面梁宽度不同）平法施工图如图 7-105 所示。

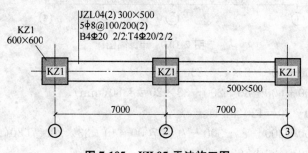

图 7-105　JZL05 平法施工图

计算条件：混凝土强度等级为 C30，纵筋连接方式为对焊，螺纹钢定尺长度为 9000mm。

计算参数：依据《11G101—3》（第 55 页），保护层厚度 $c=40$mm；依据

《11G101—3》(第54页),受拉钢筋锚固长度 $l_a = 33d$;双肢箍长度计算公式为 $2b + 2h - 8c - 1.5d + \max(10d, 75) \times 2$;依据《11G101—3》(第71页),箍筋起步距离为50mm。h_c 为柱宽,h_b 为梁高。

本例只计算第2跨宽出部位的底部及顶部纵向钢筋。

(1)宽出部位底部及顶部第一排纵向钢筋(1号筋)2Φ20 依据《11G101—3》(第74页),计算简图如图7-106所示。

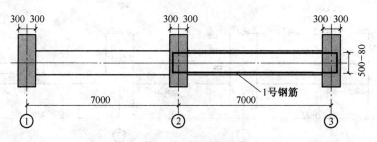

图7-106 计算简图

上段 $= 7000 + 600 - 2 \times c = 7000 + 600 - 80 = 7520$(mm)。

侧段 $= 500 - 80 = 420$(mm)。

下段 $= 7000 + 600 - 2 \times c = 7000 + 600 - 80 = 7520$(mm)。

总长 $= 7520 + 2 \times 420 + 7520 = 15880$(mm)。

钢筋的分段加工尺寸:

7520	
	420

接头个数 $= 15880 / 9000 - 1 = 1$(个)。

(2)宽出部位底部及顶部第二排纵向钢筋(2号筋)2Φ20 依据《11G101—3》(第74页)。

上段 $= 7000 + 600 - 2c - 2d = 7000 + 600 - 2 \times 40 - 2 \times 20 = 7480$(mm)。

侧段 $= 500 - 80 - 2d = 500 - 80 - 2 \times 20 = 380$(mm)。

下段 $= 7000 + 600 - 2c - 2d = 7000 + 600 - 2 \times 40 - 2 \times 20 = 7480$(mm)。

总长 $= 7480 + 380 + 7480 + 380 = 15720$(mm)。

钢筋的分段加工尺寸:

7480	
	380

接头个数 $15720 / 9000 - 1 = 1$(个)。

二、基础次梁钢筋的算量实例

1. 基础次梁 JCL01(一般情况)

基础次梁 JCL01(一般情况)平法施工图如图7-107所示。

计算条件:混凝土强度等级为 C30,纵筋连接方式为对焊,螺纹钢定尺长度为9000mm。

计算参数：依据《11G101—3》（第55页），保护层厚度 $c = 40$mm；依据《11G101—3》（第54页），受拉钢筋锚固长度 $l_a = 33d$；双肢箍长度计算公式为 $2b + 2h - 8c - 1.5d + \max(10d, 75\text{mm}) \times 2$；依据《11G101—3》（第71页）箍筋起步距离为50mm。h_c 为柱宽，h_b 为梁高。

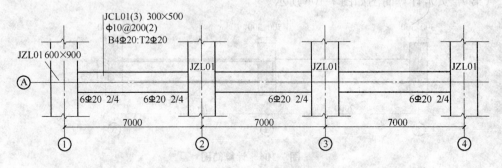

图 7-107 JCL01 平法施工图

（1）顶部贯通纵筋 2Φ20 依据《11G101—3》（第76页），顶部贯通纵计算公式为：净长＋两端锚固；锚固长度 $\geqslant 12d$ 且至少到梁中线（$12d = 12 \times 20 = 240$mm），不到基础主梁中线，取 $h_c / 2 = 300$(mm)。

长度＝$7000 \times 3 - 600 + 2 \times 300 = 21000$(mm)。

接头个数＝$21000/9000 - 1 = 2$(个)。

钢筋的分段加工尺寸： 21000

（2）底部贯通纵筋 4Φ20 依据《11G101—3》（第76页），端部伸入基础主梁尽端钢筋内侧弯折 15d。

长度＝$7000 \times 3 + 600 - 2 \times 40 + 2 \times 15 \times 20 = 22120$(mm)。

接头个数＝$22120/9000 - 1 = 2$(个)。

钢筋的分段加工尺寸： 300 ⌐‾‾‾‾¬ 300
　　　　　　　　　21520

（3）支座 1、4 底部非贯通筋 2Φ20 依据《11G101—3》（第76页），端部伸入基础主梁尽端钢筋内侧弯折 15d，向跨内延伸长度 $l_n /3$。底部非贯通筋计算公式为：支座锚固长度＋支座外延伸长度。

锚固长度＝$600 - 30 + 15 \times 20 = 870$(mm)。

支座外延伸长度＝$(7000 - 600)/ 3 = 2133$(mm)。

长度＝$2133 + 870 = 3003$(mm)。

钢筋的分段加工尺寸： 300 ⌐‾‾‾‾‾
　　　　　　　　　2703

（4）支座 2、3 底部非贯通筋 $2\Phi20$　依据《11G101—3》（第 76 页），底部非贯通筋向两端跨内延伸 $l_n/3$。计算公式为：$2\times$ 延伸长度 $+b_b$（式中 b_b 为支座宽度）。

$$长度 = 2\times l_n/3 + b_b$$
$$= 2\times(7000-600)/3 + 600 = 4867(mm)。$$

钢筋的分段加工尺寸：

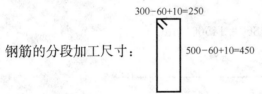

（5）箍筋　根据《11G101—3》（第 76 页），基础次梁箍筋只排布在净跨内，支座内不排布箍筋。

$$箍筋长度 = 2b + 2h - 8c - 1.5d + \max(10d,75)\times2$$
$$= 2\times300 + 2\times500 - 8\times40 - 1.5\times10 + 10\times10\times2$$
$$= 1465(mm)。$$

单跨根数 $=(6400-100)/200+1=33$（根）。

三跨总根数 $=99$ 根。

钢筋的分段加工尺寸：

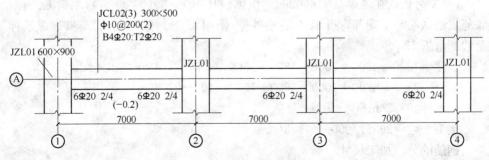

2. 基础次梁 JCL02（变截面有高差）

基础次梁 JCL02（变截面有高差）平法施工图如图 7-108 所示。

计算条件：混凝土强度等级为 C30，纵筋连接方式为对焊，螺纹钢定尺长度为 9000mm。

计算参数：依据《11G101—3》（第 55 页），保护层厚度 $c=40mm$；依据《11G101—3》（第 54 页），受拉钢筋锚固长度 $l_a=33d$；双肢箍长度计算公式为 $2b+2h-8c-1.5d+\max(10d,75mm)\times2$；依据《11G101—3》（第 71 页），箍筋起步距离为 50mm。h_c 为柱宽，h_b 为梁高。

图 7-108　JCL02 平法施工图

（1）第 1 跨顶部贯通筋 $2\Phi20$　顶部贯通筋计算公式为：净长 $+$ 两端锚固。

依据《11G101—3》(第 76 页),支座①锚固长度＝max($0.5h_c$,$12d$)＝max(300,12×20)＝300(mm)。

依据《11G101—3》(第 78 页),梁底、梁顶均有高差时,底位顶部贯通筋锚固长度≥l_a 且至少到基础主梁中线。

支座②锚固长度＝l_a＝33d＝33×20＝660(mm)。

长度＝7000－600＋300＋660＝7360(mm)。

钢筋的分段加工尺寸:
$$\underline{\qquad\qquad\overset{7360}{\qquad\qquad}\qquad\qquad}$$

(2) 第 2、3 跨顶部贯通筋 2Φ20　顶部贯通筋计算公式为:净长＋两端锚固。

依据《11G101—3》(第 78 页),梁底、梁顶均有高差时,高位顶部贯通筋伸至尽端钢筋内侧弯折 15d。

支座②锚固长度＝600－c＋15d＝600－40＋15×20 ＝860(mm)。

依据《11G101—3》(第 76 页),支座④锚固长度＝ max($0.5h_c$,$12d$)＝max(300,12×20)＝300(mm)。

长度＝7000×2－600＋300＋860＝14560(mm)。

钢筋的分段加工尺寸:

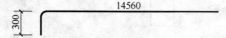

下部钢筋同基础主梁 JZL,由读者完成(注意梁顶、梁底有高差的情况)。

三、梁板式筏形基础平板钢筋的算量实例

LPB01 平法施工图如图 7-109 所示。

计算条件:混凝土强度等级为 C30,纵筋连接方式为对焊,螺纹钢定尺长度为 9000mm。

计算参数:依据《11G101—3》(第 55 页),保护层厚度 c＝40mm;依据《11G101—3》(第 53 页),l_a＝33d;依据《11G101—3》(第 80 页),纵筋起步距离为 s/2。

(1)X 向板底贯通纵筋Φ16@200　根据《11G101—3》(第 80 页),左端无外伸,底部贯通纵筋伸至端部弯折 15d,右端外伸,采用 U 形封边方式,底部贯通纵筋伸至端部弯折 12d。

长度＝7300＋6700＋7000＋6600＋1500＋400－2×40＋15d ＋12d

　　＝7300＋6700＋7000＋6600＋1500＋400－2×40＋15×16＋12×16

　　＝29852(mm)。

接头个数＝29852/9000－1＝3(个)。

钢筋的分段加工尺寸:
$$\overset{240|}{\underset{\underset{29420}{\qquad\qquad\qquad\qquad\qquad}}{\qquad}}|192$$

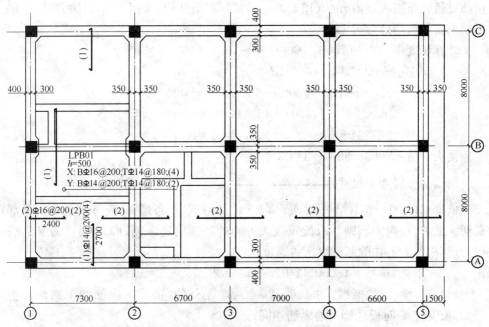

注：外伸端采用U形封边构造，U形钢筋为2Φ20@300，封边处侧部构造筋为2Φ8。

图7-109 LPB01 平法施工图

依据《12G901—3》（第3-33页、第3-34页），钢筋排布层面，筏基平板两向底部贯通纵筋，有一向为满铺。取配置较大方向的底部贯通纵筋，即X向贯通纵筋满铺，计算根数时不扣除基础梁所占宽度。

根数＝(8000×2＋800－100×2)/200＋1＝84(根)。

（2）Y向板底贯通纵筋Φ14@200　依据《11G101—3》（第80页），两端无外伸，底部贯通纵筋伸至端部弯折15d。

长度＝8000×2＋2×400－2×40＋2×15d

　　　＝8000×2＋2×400－2×40＋2×15×14＝17140(mm)。

接头个数＝17140/9000－1＝1(个)。

钢筋的分段加工尺寸：$\overset{210}{\underset{16720}{\rule{0pt}{0pt}}}$ 210

计算根数扣除基础梁所占宽度。

根数＝[(7300－300－350)－100×2]/ 200＋1＋[(6700－350－350)－100×
　　　2]/ 200＋1＋[(7000－350－350)－100×2]/ 200＋1 ＋[(6600－
　　　350－350)－100×2]/ 200 ＋1＋[(1500－350)－100×2]/ 200＋1
　　　＝132(根)

（3）X向板顶贯通纵筋Φ14@180　依据《11G101—3》（第80页）左端无外伸，

顶部贯通纵筋锚入梁内 max(12d ,0.5 梁宽),右端外伸,采用 U 形封边方式,底部贯通纵筋伸至端部弯折 12d 。

$$计算长度＝7300＋6700＋7000＋6600＋1500＋400－2×40＋$$
$$max(12d ,350)＋12d$$
$$＝7300＋6700＋7000＋6600＋1500＋400－2×40＋$$
$$max(12×14,350)＋12×14$$
$$＝29938(mm)。$$

接头个数＝29938/9000－1＝3(个)。

钢筋的分段加工尺寸：┗━━ 29770 ━━┛ 168

依据《12G901—3》(第 3-33 页、第 3-34 页),钢筋排布层面,筏基平板两向顶部贯通纵筋,有一向为满铺。取配置较大方向的底部贯通纵筋,即 X 向贯通纵筋满铺,计算根数时不扣除基础梁所占宽度。

$$根数＝(8000×2＋800－90×2)/180＋1＝94(根)$$

(4) Y 向板顶贯通纵筋Φ14@180　两端无外伸,顶贯通纵筋伸至端部弯折 15d (长度与 Y 向板底部贯通纵筋相同)。

$$长度＝8000×2＋2×400－2×40＋2×15d$$
$$＝8000×2＋2×400－2×40＋2×15×14＝17140(mm)。$$

接头个数＝17140/9000－1＝1(个)。

钢筋的分段加工尺寸：

210┗━━━━━━ 16720 ━━━━━━┛ 210

计算根数扣除基础梁所占宽度。

$$根数＝[(7300－300－350)－90×2]/180＋1＋[(6700－350－350)－90×2]/$$
$$180＋1＋[(7000－350－350)－90×2]/180＋1＋[(6600－350－350)$$
$$－90×2]/180＋1＋[(1500－350)－90×2]/180＋1＝146(根)$$

(5) (2)号板底部非贯通纵筋Φ16@200((1)轴)　依据《11G101—3》(第 80 页),左端无外伸,底部非贯通纵筋伸至端部弯折 15d 。计算简图如图 7-110 所示。

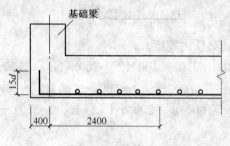

图 7-110　计算简图

长度＝2400＋400－40＋15d＝2400＋400－40＋15×16＝3000(mm)。

钢筋的分段加工尺寸：

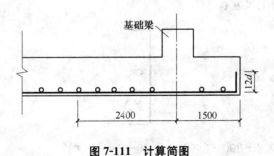

同板底部 X 向贯通纵筋满铺,不扣除基础梁所占宽度。与板底部 X 向贯通筋规格相同,采取隔一布一,因此根数与板底部 X 向贯通纵筋相同。

根数＝(8000×2＋800－100×2)/200＋1＝84(根)。

(6)(2)号板底部非贯通纵筋Φ16@200(②、③、④轴)

长度＝2400×2＝4800(mm)。

钢筋的分段加工尺寸：

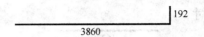

根数＝(8000×2＋800－100×2)/200＋1＝84(根)。

(7)(2)号板底部非贯通纵筋Φ16@200(⑤轴) 依据《11G101—3》(第80页),右端外伸,采用 U 形封边方式,底部贯通纵筋伸至端部弯折 12d。计算简图如图7-111 所示。

图 7-111 计算简图

长度＝2400＋1500－40＋12d＝2400＋1500－40＋12×16＝4052(mm)。

钢筋的分段加工尺寸：

根数＝(8000×2＋800－100×2)/200＋1＝84(根)。

(8)(1)号板底部非贯通纵筋Φ14@200(Ⓐ、Ⓒ轴)

长度＝2700＋400－40＋15d＝2700＋400－40＋15×14＝3270(mm)。

钢筋的分段加工尺寸：

根数与 Y 向板底贯通纵筋Φ14@200 相同,采取隔一布一。

根数＝[(7300－300－350)－100×2]/200＋1＋[(6700－350－350)－100×2]/200＋1＋[(7000－350－350)－100×2]/200＋1＋[(6600－350－350)－100×2]/200 ＋ 1 ＋[(1500－350)－100×2]/200＋1

＝132(根)。Ⓐ、Ⓒ轴共 264 根。

(9)(1)号板底部非贯通纵筋Φ14@200(Ⓑ轴)

长度＝2700×2＝5400(mm)。

根数与 Y 向板底贯通纵筋Φ14@200 相同,采取隔一布一。

根数＝132 根。

钢筋的分段加工尺寸:

$$\overline{\qquad\qquad 5400 \qquad\qquad}$$

(10)U 形封边筋Φ20@300　依据《11G101—3》(第 80 页、第 84 页),U 形封边筋两端弯折 15d 且≥200mm。

长度＝板厚－上下保护层＋2×15d

　　＝500－40×2＋2×15×20＝1020(mm)。

根数＝(8000×2＋800－2×40) /300＋1＝57(根)。

钢筋的分段加工尺寸:

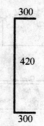

根数＝(8000×2＋800－2×40) /300＋1＝57(根)。

(11)U 形封边侧部构造筋 2Φ8

长度＝8000×2＋400×2－2×40＝16720(mm)。

构造筋搭接个数＝16720/9000－1＝1(个)。

钢筋的分段加工尺寸:

$$\overline{\qquad\qquad 16720 \qquad\qquad}$$

根据《11G101—1》(第 53 页),构造筋若绑扎连接,搭接长度(按非抗震计算)为 $1.2l_a$。

长度＝1.2×29d ＝1.2×29×8＝278(mm)。

参 考 文 献

[1]高竞．平法制图的钢筋加工下料计算[M]．北京：中国建筑工业出版社,2005.

[2]李文渊,彭波．平法钢筋识图算量基础教程．2版[M]．北京：中国建筑工业出版社,2009

[3]上官子昌．11G101平法钢筋识图与算量[M]．北京：化学工业出版社,2012.

[4]蔡跃东．平法识图与钢筋算量[M]．西安：西安电子科技大学出版社,2013.

[5]王甘林．平法识图与钢筋算量[M]．北京：水利电力出版社,2011.

[6]高忠民．钢筋工[M]．北京：金盾出版社,2006.

参考文献